高职高专实验实训"十二五"规划教材

供配电应用技术实训

主 编 徐 敏
副主编 陈晓峰
主 审 满海波

北 京
冶 金 工 业 出 版 社
2015

内 容 简 介

本书共分 5 个情境。主要内容包括：学习情境 1 安全教育及职业素养培养，学习情境 2 电力系统微机线路保护实训装置使用，学习情境 3 THSPGC – 2 型工厂供电技术实训装置使用，学习情境 4 微机变压器保护实训装置使用，学习情境 5 微机线路继电保护及自动装置。

本书是高等职业技术院校供配电等专业"工厂供配电"课程的教材，也可供相关专业的师生及技术人员参考。

图书在版编目(CIP)数据

供配电应用技术实训/徐敏主编 . —北京：冶金工业出版社，

2015.8

高职高专实验实训"十二五"规划教材

ISBN 978-7-5024-6991-7

Ⅰ. ①供… Ⅱ. ①徐… Ⅲ. ①供电系统—高等职业教育—教材 ②配电系统—高等职业教育—教材 Ⅳ. ①TM72

中国版本图书馆 CIP 数据核字(2015)第 155515 号

出 版 人 谭学余
地　　址　北京市东城区嵩祝院北巷 39 号　邮编　100009　电话　(010)64027926
网　　址　www.cnmip.com.cn　电子信箱　yjcbs@cnmip.com.cn
责任编辑　俞跃春　贾怡雯　美术编辑　彭子赫　版式设计　葛新霞
责任校对　郑　娟　责任印制　李玉山
ISBN 978-7-5024-6991-7
冶金工业出版社出版发行；各地新华书店经销；北京百善印刷厂印刷
2015 年 8 月第 1 版，2015 年 8 月第 1 次印刷
148mm×210mm；3.25 印张；94 千字；94 页
12.00 元
冶金工业出版社　投稿电话　(010)64027932　投稿信箱　tougao@cnmip.com.cn
冶金工业出版社营销中心　电话　(010)64044283　传真　(010)64027893
冶金书店　地址　北京市东四西大街 46 号(100010)　电话　(010)65289081(兼传真)
冶金工业出版社天猫旗舰店　yjgycbs.tmall.com
(本书如有印装质量问题，本社营销中心负责退换)

前　言

　　本书是高等职业技术院校供配电技术等相关专业"工厂供配电"等课程的实训指导教材，由一批长期从事专业技能教学的经验丰富的教师编写而成。在教材的编写过程中，坚持科学性、实用性、综合性和新颖性的原则，力求实训内容贴近生产实际，突出应用能力的培养，具有较高的可操作性和实用价值。

　　本书在内容编排上，注重理论联系实际，理论知识的深度以必须、够用为原则，突出应用能力的培养，力争做到概念准确、内容精练、突出重点，结合浙江天煌教仪生产的供用电技术实训装置，知识内容与现代先进技术相结合，与时俱进，适应和满足现代社会对供配电技术人才的需求。

　　本书由四川机电职业技术学院徐敏副教授担任主编，负责全书的内容结构安排、工作协调及统稿工作，陈晓峰担任副主编。具体分工：情境1由徐敏编写，情境2由罗军、叶伟编写，情境3由陈晓峰、李淑芬编写，情境4、5由徐敏、陈晓峰编写。全书由四川机电职业技术学院满海波担任主审。此外，攀钢发电厂首席电力工程师——高级工程师高大全在本书的实际案例及内容选编上提出了许多宝贵意见和建议，谨在此表示衷心的感谢！

　　由于编者水平有限，书中不妥之处，诚请广大读者批评指正。

编　者

2015 年 5 月

目 录

学习情境1 安全教育及职业素养培养

【项目教学目标】

（1）了解安全教育的重要性。

（2）掌握安全用电的基本知识。

（3）了解触电急救的基本步骤。

（4）了解职业素养培养涵盖的基本内容。

任务1.1 安全教育

【任务教学目标】

（1）了解电气安全的任务及触电事故的种类。

（2）了解防止触电的技术措施以及组织措施。

（3）能叙述触电急救的方法及步骤。

电能的生产和利用，在当代社会中占据十分重要地位。随着电力事业的发展和电气化程度的不断提高，人们的生活水平日益提高，电能利用已深入到生产、生活中的各个领域，电气作业人员也日益增多。电气作业的不安全，会给工业生产和人民的生命财产带来很多的危害。而电工作业事故发生的根本原因，大多是安全教育不足，考核管理不严，电气作业人员缺乏较全面的电气安全技术知识，或者有章不循、思想麻痹、措施不当等造成的。

1.1.1　电工作业人员的基本要求

电工作业指发电、输电、变电、配电和用电装置安装、运行、检修、试验等电工工作。电工作业包括低压运行维修作业、高压运行维修作业、矿山电工作业等操作项目。

电工作业人员是指直接从事电工作业的专业人员。包括直接从事电工作业的技术工人、工程技术人员和生产管理人员。

电工作业人员必须满足以下基本条件：

（1）年满 18 周岁；

（2）身体健康，不得有妨碍从事本职工作的病症和生理缺陷；

（3）具有不低于初中毕业的文化程度，以及必要的电工作业安全技术、电工基础理论和专业技术知识，并有一定的实践经验。

此外，从业人员还必须掌握必要的操作技能和触电急救方法。

1.1.2　安全生产方针

"安全第一、预防为主、综合治理"是我国安全生产的基本方针。这一方针反映了党和政府对安全生产规律的新认识，对于指导我们的安全生产工作有着十分重要的意义。

"安全第一"是要求在工作中始终把安全放在第一位。当安全与生产、安全与效益、安全与进度相冲突时，必须首先保证安全，即生产必须安全，不安全不能生产。

"预防为主"要求在工作中时刻注意预防安全事故的发生。在生产各环节，要严格遵守安全生产管理制度和安全技术操作规程，认真履行岗位安全职责，防患于未然，发现事故隐患要立即处理，自己不能处理的要及时上报，要积极主动地预防事故的发生。

"综合治理"就是综合运用经济、法律、行政等手段。人管、法治、技防多管齐下，并充分发挥社会、职工、舆论的监督作用，实现安全生产的齐抓共管。"综合治理"体现了安全生产方针的新发展。

1.1.3　触电与急救

1.1.3.1　触电事故

A　触电事故

触电事故是指人体触及电流所发生的事故。电对人体的伤害（触电事故）分类：分电击和电伤两种类型。电击指的是电流通过人体内部，对人体内脏及神经系统造成破坏直至死亡；电伤是指电流通过人体外部表皮造成的局部伤害。但在触电事故中，电击和电伤常会同时发生。

B　影响电流对人体的伤害程度的因素

电流危害的程度与通过人体的电流强度、频率、通过人体的途径及持续的时间等因素有关。

a　通过人体的电流大小

对于工频交流电，按照通过人体电流大小不同，把触电电流分为感知电流、反应电流、摆脱电流和致命电流。

（1）感知电流。指引起人体的感觉的最小电流。通常成年男性平均感知电流，直流 1mA，工频交流 0.4mA；成年女性的感知电流，直流 0.6mA，工频交流 0.3mA。

（2）反应电流。指引起意外的不自主反应的最小电流。这种预料不到的电流作用，可能造成高空坠落或其他事故，在数值上反应电流略大于感知电流。

(3) 摆脱电流。指人体触电以后在不需要任何外来帮助下能自主摆脱的最大电流。工频交流电的平均摆脱电流,规定正常男性的最大摆脱电流为9mA,正常女性约为6mA,直流电的平均摆脱电流为50mA。

(4) 致命电流。指在较短时间内危及生命的最小电流。一般情况下,通过人体的工频电流超过50mA时,心脏就会停止跳动,发生昏迷,并出现致命的电灼伤;工频100mA的电流通过人体时很快就会使人致命。

不同电流强度对人体的影响见表1-1。

表1-1 电流对人体的影响

电流/mA	作 用 的 特 征	
	交流电(50~60Hz)	直流电
0.6~1.5	开始有感觉,手轻微颤抖	没有感觉
2~3	手指强烈颤抖	没有感觉
5~7	手部痉挛	感觉痒和热
8~10	手部剧痛,勉强可摆脱带电体,呼吸困难	热感觉增加
20~35	手迅速剧痛麻痹,不能摆脱带电体,呼吸困难	热感觉更大,手部轻微痉挛
50~80	呼吸困难麻痹,心室开始颤动	手部痉挛,呼吸困难
90~100	呼吸麻痹,心室经3s即发生麻痹而停止跳动	呼吸麻痹

b 通过人体电源的频率

在相同电流强度下,不同的电源频率对人体的影响程度不同。一般电源频率为28~300Hz的电流对人体影响较大,最为严重的是40~60Hz的电流。当电流频率大于20000Hz时,所产生的损害作用明显减小。

c 电流流过途径的危害

电流通过人体的头部会使人昏迷而死亡;电流通过脊髓会导致截瘫及严重损伤;电流通过中枢神经或有关部位,会引起中枢神经系统强烈失调而导致死亡；电流通过心脏会引起心室颤动，致使心脏停止跳动，造成死亡。实践证明，从左手到脚是最危险的电流途径，因为心脏直接处在电路中，从右手到脚的途径危险性较小，但一般也能引起剧烈痉挛而摔倒，导致电流通过人体的全身。

d 电流的持续时间对人体的危害

由于人体发热出汗和电流对人体组织的电解作用，随电流通过人体的时间增长，人体电阻逐渐降低。在电源电压一定的情况下，会使电流增大，对人体的组织破坏更大，后果更严重。

C 人体电阻及安全电压

（1）人体电阻主要包括人体内部电阻和皮肤电阻，人体内部电阻是固定不变的，并与接触电压和外部条件无关，一般约为500Ω左右。皮肤电阻一般是手和脚的表面电阻。它随皮肤的清洁、干燥程度和接触电压等而变化。一般情况下，人体的电阻为1000～2000Ω，在不同的条件下的人体电阻见表1-2。

表1-2 人体电阻

接触电压/V	人体皮肤电阻/Ω			
	皮肤干燥	皮肤潮湿	皮肤湿润	皮肤浸入水中
10	7000	3500	1200	600
25	5000	2500	1000	500
50	4000	2000	875	400
100	3000	1500	770	375
220	1500	1000	650	325

注：电流途径为双手至双足。

（2）安全电压。我国的安全电压，以前多采用36V或12V，1983年我国发布了安全电压国家标准GB 3805—1983，对频率为50～500Hz的交流电，把安全电压的额定值分为42V、36V、24V、

12V 和 6V 等五个等级。安全电压等级及选用见表 1 – 3。

表 1 – 3　安全电压等级及选用

安全电压（交流有效值）/V		选 用 举 例
额定值	空载上限值	
42	50	在有触电危险的场所使用的手持式电动工具等
36	43	在潮湿场合，如矿井，多导电粉尘及类似场合使用的行灯
24	29	工作面积狭窄操作者较大面积接触带电体的场所，如锅炉内
12	15	人体需要长期接触及器具上带电的场所
6	8	

D　直接触电防护和间接触电防护

根据人体触电的情况将触电防护分为直接触电防护和间接触电防护两大类。

（1）直接触电防护。指对直接接触正常带电部分的防护，例如对带电导体加隔离栅栏或加保护罩等。

（2）间接触电防护。指对故障时可带危险电压而正常时不带电的外露可导电部分的防护，例如将正常不带电的设备金属外壳和框架等接地，并装设接地故障保护，用以切断电源或发出报警信号等。

E　普及安全用电常识

（1）不得私拉电线，装拆电线应请电工，以免发生短路和触电事故。

（2）不得超负荷用电，不得随意加大熔断器的熔体规格或更换熔体材质。

（3）绝缘电线上不得晾晒衣物，以防电线绝缘破损，漏电伤人。

（4）不得在架空线路和变配电所附近放风筝，以免造成短路或接地故障。

（5）不得用鸟枪或弹弓来打电线上的鸟，以免击毁线路绝缘子。

（6）不得擅自攀登电杆和变配电装置的构架。

（7）移动式和手持式电器的电源插座，一般应采用带保护接地（PE）插孔的三孔插座。

（8）所有可能触及的设备外露可导电部分必须接地，或接接地中性线（PEN 线）或保护线（PE 线）。

（9）当带电的电线断落在地上时，人应该离开落地点 8～10m 以上。遇此类断线落地故障，应划定禁止通行区，派人看守，并通知电工或供电部门前来处理。

（10）如遇有人触电，应立即设法断开电源，按规定进行急救处理。

1.1.3.2　触电急救

发现有人触电切不可惊慌失措、束手无策。首先要动作迅速，救护得法。触电急救应遵循八个字，及"迅速、就地、准确、坚持"。

（1）使触电者迅速脱离电源。触电事故附近有电源开关或插座时，应立即断开开关或拔掉电源插头。若无法及时找到并断开电源开关时，应迅速使用绝缘工具切断电线，并断开电源。

（2）当触电者脱离电源后，应就地抢救并根据情况对症准确救治，同时通知医生前来抢救。

1）将脱离电源的触电者迅速移至通风、干燥处，将其仰卧，并将上衣和裤带放松，观察触电者是否有呼吸，摸一摸颈部动脉的搏动情况。

2）观察触电者的瞳孔是否放大，当处于假死状态时，大脑细胞严重缺氧处于死亡边缘，瞳孔就自行放大，如图 1-1 所示。

(a)　　　　　　　　　(b)

图1-1　检查瞳孔

(a) 瞳孔正常；(b) 瞳孔放大

3）对有心跳而停止呼吸的触电者，应采用"口对口人工呼吸法"进行抢救，其步骤如下：

①清除口腔阻塞。将触电者仰卧，解开衣领和裤带，然后将触电者头偏向一侧，张开其嘴，用手清除口腔中假牙或其他异物，使呼吸道畅通。如图1-2(a) 所示。

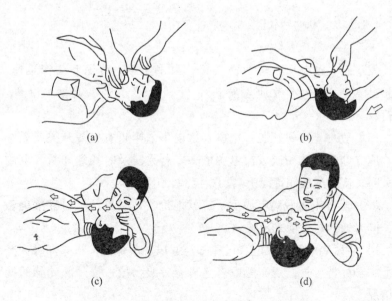

(a)　　　　　　　　　(b)

(c)　　　　　　　　　(d)

图1-2　口对口人工呼吸

(a) 清理口腔阻塞；(b) 鼻孔朝天后仰；(c) 贴嘴吹气胸扩张；(d) 放开嘴鼻换气

②鼻孔朝天头后仰。抢救者在触电病人一边,使其鼻孔朝天后仰。如图1-2(b)所示。

③贴嘴吹气胸扩张。抢救者在深呼吸2~3次后,张大嘴严密包绕触电者的嘴,同时放在前额的手的拇指、食指捏紧其双侧鼻孔,连续向肺吹气2次,如图1-2(c)所示。

④放开嘴鼻好换气。吹完气后应放松捏鼻子的手,让气体从触电者肺部排出,如此反复进行,以每5s吹气一次,坚持连续进行。不可间断,直到触电者苏醒为止,如图1-2(d)所示。

4)对有呼吸而心脏停搏的触电者,应采用胸外心脏按压法进行急救,如图1-3所示。其步骤如下:

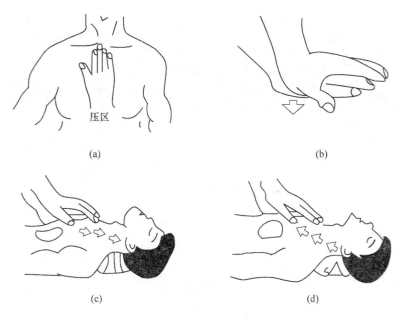

压区

(a)

(b)

(c)

(d)

图1-3 胸外心脏按压法

(a)正确压点;(b)按压手法;(c)向下按压;(d)放松回流

①将触电者仰卧在硬板或地面上,颈部枕垫软物使头部稍后仰,松开衣服和裤带,急救者跨跪在触电者的腰部。

②急救者将后手掌根部按于触电者胸骨下二分之一处,中指指

尖对准其颈部凹陷的下缘，当胸一手掌，左手掌复压在右手手背上，如图 1－3（a）、（b）所示。

③掌根用力下压 3～4cm 后，突然放松，如图 1－3（c）、（d）所示，挤压与放松的动作要有节奏，每秒钟进行一次，必须坚持连续进行，不可中断，直到触电者苏醒为止。

5）对呼吸和心脏都已停止的触电者，应同时采用口对口人工呼吸法和胸外心脏按压法进行抢救，其步骤如下：

①单人抢救法。两种方法应交替进行，即吹气 2～3 次，再挤压 10～15 次，且速度都应快些，如图 1－4 所示。

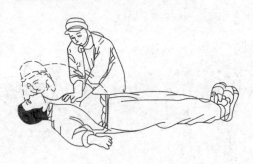

图 1－4 单人抢救法

②双人抢救法。由两人抢救时，一人进行口对口吹气，另一人进行挤压。每 5s 吹气一次，每 1s 挤压一次，两人同时进行，如图 1－5 所示。

图 1－5 双人抢救法

　　在急救过程中，人工呼吸和人工循环的措施必须坚持进行。在医务人员未来接替救治前，不应放弃现场抢救，更不能只根据没有呼吸和脉搏就擅自判定伤员死亡，放弃抢救，只有医生有权做出伤员死亡的诊断。

任务 1.2　职业素养培养

【任务教学目标】

(1) 了解职业素养涵盖的内容。

(2) 了解职业素养的地位。

职业素养是人类在社会活动中需要遵守的行为规范。个体行为的总和构成了自身的职业素养，职业素养是内涵，个体行为是外在表象。职业素养是个很大的概念，专业是第一位的，但是除了专业，敬业和道德是必备的，体现到职场上就是职业素养，体现在生活中就是个人素质或者道德修养。

职业素养是指职业内在的规范和要求，是在职业过程中表现出来的综合品质，包含职业道德、职业技能、职业行为、职业作风和职业意识等方面。

1.2.1　职业素养的三大核心

1.2.1.1　职业信念

"职业信念"是职业素养的核心。良好的职业素养包涵了良好的职业道德，正面积极的职业心态和正确的职业价值观意识，是一个成功职业人必须具备的核心素养。良好的职业信念应该是由爱岗、敬业、忠诚、奉献、正面、乐观、用心、开放、合作及始终如一等关键词组成。

1.2.1.2　职业知识技能

"职业知识技能"是做好一个职业应该具备的专业知识和能力。俗话说"三百六十行，行行出状元"。没有过硬的专业知识，没有精湛的职业技能，就无法把一件事情做好，就更不可能成为"状元"了。

所以要把一件事情做好就必须坚持不断地关注行业的发展动态及未来的趋势走向；就要有良好的沟通协调能力，懂得上传下达，左右协调从而做到事半功倍；就要有高效的执行力，研究发现：一个企业的成功 30% 靠战略，60% 靠企业各层的执行力，只有 10% 的其他因素。执行能力也是每个成功职场人必需修炼的一种基本职业技能。还有很多需要修炼的基本技能，如职场礼仪、时间管理及情绪管控等，这里就不一一罗列。

各个职业有各个职业的知识技能，每个行业还有每个行业知识技能。总之学习提升职业知识技能是为了让我们把工作完成得更好。

1.2.1.3　职业行为习惯

职业行为习惯就是在职场上通过长时间地学习—改变—形成而最后变成习惯的一种职场综合素质。

信念可以调整，技能可以提升。要让正确的信念、良好的技能发挥作用就需要不断地练习，直到成为习惯。

1.2.2　职业素养及其在工作中的地位

很多企业界人士认为，职业素养包含两个重要因素：敬业精神及合作的态度。敬业精神就是在工作中将自己作为公司的一部分，不管做什么工作一定要做到最好，发挥出实力，对于一些细小的错误一定要及时地更正，敬业不仅仅是吃苦耐劳，更重要的是"用心"去做好公司分配给的每一份工作。态度是职业素养的核心，好的态度比如负责、积极、自信、有建设性、欣赏、乐于助人等是决定成败的关键因素。敬业精神就是在工作中要将自己作为公司的一部分，所以，职业素养是一个人职业生涯成败的关键因素。职业素养量化而成"职商"，英文 career quotient，简称 CQ。

很多企业之所以招不到满意人选是由于找不到具备良好职业素养的毕业生，可见，企业已经把职业素养作为对人进行评价的重要指标。如成都某咨询公司在招聘新人时，要综合考查毕业生的 5 个方面：专业素质、职业素养、协作能力、心理素质和身体素质。其中，身体素质是最基本的，好身体是工作的物质基础；职业素养、协作能力和心理素质是最重要和必需的，而专业素质则是锦上添花的。职业素养可以通过个体在工作中的行为来表现，而这些行为以个体的知识、技能、价值观、态度、意志等为基础。良好的职业素养是企业员工必须具备的，是个人事业成功的基础，是大学生进入企业的"金钥匙"。

1.2.3　大学生职业素养的自我培养

大学生作为职业素养培养的主体，在大学期间应该学会自我培养。

首先，要培养职业意识。很多高中毕业生在跨进大学校门之时就认为已经完成了学习任务，可以在大学里尽情地"享受"了，这正是他们在就业时感到压力的根源。中国社会调查所最近完成的一项在校大学生心理健康状况调查显示，75% 的大学生认为压力主要来源于社会就业。50% 的大学生对于自己毕业后的发展前途感到迷茫，没有目标；41.7% 的大学生表示目前没考虑太多；只有

8.3%的人对自己的未来有明确的目标并且充满信心。培养职业意识就是要对自己的未来有规划。因此，大学期间，每个大学生应明确我是一个什么样的人、我将来想做什么、我能做什么、环境能支持我做什么，据此来确定自己的个性是否与理想的职业相符，对自己的优势和不足有一个比较客观的认识，结合环境如市场需要、社会资源等确定自己的发展方向和行业选择范围，明确职业发展目标。

其次，配合学校的培养任务，完成知识、技能等显性职业素养的培养。职业行为和职业技能等显性职业素养比较容易通过教育和培训获得。学校的教学及各专业的培养方案是针对社会需要和专业需要所制订的。旨在使学生获得系统化的基础知识及专业知识，加强学生对专业的认知和知识的运用，并使学生获得学习能力、培养学习习惯。因此，大学生应该积极配合学校的培养计划，认真完成学习任务，尽可能利用学校的教育资源，包括教师、图书馆等来获得知识和技能，作为将来职业需要的储备。

再次，有意识地培养职业道德、职业态度、职业作风等方面的隐性素养。隐性职业素养是大学生职业素养的核心内容。核心职业素养体现在很多方面，如独立性、责任心、敬业精神、团队意识、职业操守等。事实表明，很多大学生在这些方面存在不足。有记者调查发现，缺乏独立性、会抢风头、不愿下基层吃苦等表现容易断送大学生的前程。因此，大学生应该有意识地在学校的学习和生活中主动培养独立性，学会分享、感恩、勇于承担责任，不要把错误和责任都归咎于他人。自己摔倒了不能怪路不好，要先检讨自己，承认自己的错误和不足。

大学生职业素养的自我培养应该加强自我修养，在思想、情操、意志、体魄等方面进行自我锻炼。同时，还要培养良好的心理素质，增强应对压力和挫折的能力，善于从逆境中寻找转机。

复习思考题

1-1　我国的安全生产方针是什么?

1-2　什么是触电事故?

1-3　电流对人体的伤害程度与哪些因素有关?

1-4　电气作业人员应具备哪些基本条件?

1-5　如何理解大学生职业素养培养的重要性?

学习情境2 电力系统微机线路保护实训装置使用

【项目教学目标】

(1) 掌握实训装置的结构。

(2) 会故障类型的设置。

(3) 掌握短路的原因、后果及形式。

(4) 掌握不同运行方式对继电保护的影响。

任务 2.1 实训装置使用及短路的原因、后果与形式

【任务教学目标】

(1) 掌握微机保护装置的结构。

(2) 会各种短路故障类型的设置。

HPWJX - 1电力系统微机线路保护实训装置由电源控制屏、电力线路构成。装置采用整体式结构，实验资源集中，可以满足"电力工程"和"继电保护"等相关课程的教学需要。装置布局合理，外形美观，面板示意图明确、清晰、直观。实验实训连接线采用高可靠弹性结构手枪式插头，电路连接方式安全可靠，迅速简便。控制屏供电设有电压型漏电保护和电流型漏电保护装置，三相电源供

电的原副边都具有过流保护功能，以保护操作者的安全和设备本身的安全，为开放性的实验室创造了安全条件。

2.1.1　实训装置介绍

2.1.1.1　电源控制屏

电源控制屏主要为实验实训提供各种电源，如三相交流电源、直流电源。屏上还设有定时兼告警记录仪，供教师考核学生之用。在控制屏两边设有单相和三相电源插座。

（1）三相电压指示。通过操作交流电压表下方的电压显示切换开关，可以显示调压器原、副边三相线电压。

（2）定时器兼告警记录仪。可以对违规使用的次数进行记录，为学生实验技能的考核提供一个统一标准。

（3）电源控制部分。由空气开关、钥匙开关、启动按钮、停止按钮及直流电源开关组成。正常操作顺序：合上空气开关，此时告警记录仪开始工作；再打开钥匙开关，U、V、W 三相指示灯及红色停止按钮亮，此时把直流电源开关打开，直流电源开始供电；再按下启动按钮，三相交流电源开始供电。

（4）电源输出。电源控制屏可提供三相交流 380V/3A 输出，通过三相自耦调压器可输出三相（0～430）V/3A。并由三相电压表监视其输出的三相线电压。直流电源给控制回路和光字牌供电。

特别提醒，由于实验用的三绕组变压器的额定电压是 380V，故实验时应该确保调压器输出在 380V 以下，否则可能损坏实验装置。

2.1.1.2　开机步骤

（1）开启电源前，要检查控制屏下面"直流高压电源"，其必须置"关"断的位置。控制屏左侧面上安装的自耦调压器必须调在零位,即必须将调节手柄沿逆时针方向旋转到底。

(2)检查无误后开启"电源总开关",告警记录仪 LED 点亮;打开钥匙开关,"停止"按钮指示灯、电源分相指示灯亮,表示实验装置的进线已接通电源,但还不能输出电压,此时在电源输出端进行实验电路接线操作是安全的。

(3)按下"启动"按钮,"启动"按钮指示灯亮,只要调节自耦调压器的手柄,在输出口 U、V、W 处可得到 0~450V 的线电压输出,并由控制屏上方的三只交流电压表指示。当屏上的"电压指示切换"开关拨向"三相电网输入电压"时,三只电压表指示三相电网进线的线电压值;当"指示切换"开关拨向"三相调压输出电压"时,三表指示三相调压输出之值。

(4)按下"启动"按钮后,可打开直流操作电源,向微机保护装置控制回路和信号回路或向电磁继电器提供直流电源。

(5)实验中如果需要改接线路,必须按下"停止"按钮以切断交流电源,保证实验操作的安全。实验完毕,须将自耦调压器调回到零位,将"直流高压电源"的电源开关置于"关"断位置,最后,需关断"电源总开关"。

2.1.2　短路的原因

工厂供电系统要求正常地不间断地对用电负荷供电,以保证工厂和生产和生活的正常进行。然而由于各种原因,也难免出现故障,而使系统的正常运行遭到破坏。系统中最常见的故障就是短路。短路就是指不同电位的导电部分包括导电部分对地之间的低阻性短接。

造成短路的主要原因,是电气设备载流部分的绝缘损坏。这种损坏可能是由于设备长期运行,绝缘自然老化或由于设备本身质量低劣、绝缘强度不够而被正常电压击穿,或设备质量合格、绝缘合乎要求而被过电压(包括雷电过电压)击穿,或者是绝缘设备受到外力损伤而造成短路。

工作人员由于违反安全操作规程而发生误操作，或者误将低电压设备接入较高电压的电路中，也可能造成短路。

鸟兽（包括蛇、鼠等）跨越在裸露的相线之间或者相线与接地物体之间，或者咬坏设备和导线电缆的绝缘，也是导致短路一个原因。

2.1.3　短路的后果

短路后，系统中出现的短路电流比正常负荷电流大得多。在大电力系统中，短路电流可达几万安甚至几十万安。如此大的短路电流可对供电系统产生极大的危害：

（1）短路时要产生很大的电动力和很高的温度，而使故障单元和短路电路中的其他元件受到损害和破坏，甚至引发火灾事故。

（2）短路时电路的电压骤降，严重影响电气设备的正常运行。

（3）短路时保护装置动作，将故障电路切除，从而造成停电，而且短路点越靠近电源，停电范围越大，造成的损失也越大。

（4）严重的短路要影响电力系统运行的稳定性，可使并列运行的发电机组失去同步，造成系统解列。

（5）不对称电路包括单相短路和两相短路，其短路电流将产生较强的不平衡交变电磁场，对附近的通信线路、电子设备等产生电磁干扰，影响其正常运行，甚至使之发生误动作。

由此可见，短路的后果是非常严重的，因此必须尽力设法消除可能引起短路的一切因素；同时需要进行短路电流的计算，以便正确地选择电气设备，使设备具有足够的动稳定性和热稳定性，以保证在发生可能有的最大短路电流时不致损坏。为了选择切除短路故障的开关电器、整定电路保护的继电保护装置和选择限制短路电流的元件（如电抗器）等，也必须计算短路电流。

2.1.4　短路的形式

在三相系统中，短路的形式有三相短路、两相短路、单相短路和两相接地短路等，如图 2-1 所示。其中两相接地短路，实质是两相短路。图 2-1(a)~(f) 为各种短路的形式。

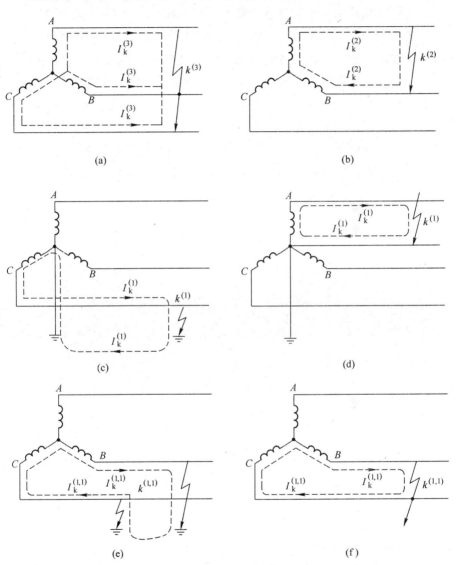

图 2-1　短路的形式（虚线表示短路电流路径）

$k^{(3)}$—三相短路；$k^{(2)}$—两相短路；$k^{(1)}$—单相短路；$k^{(1,1)}$—两相接地短路

按短路电路的对称性来分，三相短路属对称性短路，其他形式短路均为不对称短路。

电力系统中，发生单相短路的可能性最大，而发生三相短路的可能性最小。但一般情况下特别是远离电源（发电机）的工厂供电系统中，三相短路的短路电流最大，因此造成的危害也最为严重。为了使电力系统中的电气设备在最严重的短路状态下也能可靠地工作，因此在选择和校验电器设备用的短路计算中，以三相短路计算为主。实际上，不对称短路也可以按对称分量法将不对称的短路电流分解为对称的正序、负序和零序分量，然后按对称量来分析和计算，所以对称的三相短路分析计算也是不对称短路分析计算的基础。

任务2.2 模拟系统短路实训

【任务教学目标】

（1）掌握输电线路相间短路电流和残余电压的计算。

（2）了解输电线路短路的各种形式。

（3）比较各种形式的短路危害。

2.2.1 实训器材

HPWJX－1电力系统微机线路保护实训装置、导线若干、万用表、电工工具一套。

2.2.2 实训原理

输电线路的短路故障可分为两大类：接地故障和相间故障。在这里只对相间短路的情况进行研究，因为理解了相间故障的保护原理后，再学习接地保护就变得较简单。基于中性点运行方式是一个综合性问题，它与电压等级、单相接地电流、过电压水平等有关，因而它直接影响输电线路的接地保护形式。另外，即使知道接地故障发生在哪一点，也很难精确计算其短路电流；因为这还涉及短路接地处的接地电阻、中性点运行方式等问题，所以基本上没有通过测量对地电流或对地电压来设计接地保护的。一般以零序电流、零序电压、接地阻抗或装设绝缘监察装置等来判断故障。在装置整定方法上与相间短路有相通之处，只是判断故障的依据不同。

计算两相短路和三相短路时的短路电流和母线残余电压。

三相短路时：
$$I_k^{(3)} = \frac{E_\varphi}{X_X + X_1 l}$$

$$U_{cy} = \sqrt{3} I_k^{(3)} X_1 l$$

两相短路时：
$$I_k^{(2)} = \frac{\sqrt{3}}{2} \frac{E_\varphi}{X_X + X_1 l}$$

$$U_{cy}^{(2)} = 2 \cdot I_k^{(2)} \cdot X_L = 2 \cdot \frac{\sqrt{3}}{2} \cdot I_k^{(3)} \cdot X_1 l = \sqrt{3} \cdot I_k^{(3)} \cdot X_1 l$$

式中，E_φ 为系统次暂态相电势；X_X 为系统电抗；X_1 为被保护线路每千米电抗；l 为被保护线路的全长；U_{cy} 为母线残余电压。

注：$X_1 l$ 在实验计算中，直接用模拟线路电阻值代入。

2.2.3　实训步骤

（1）开启实验设备，运行方式设置为最小，断开两微机保护装置跳闸压板（操作方法见任务 2.3）。

（2）将系统电势调至 105V，各段短路点调至线路末端，闭合实验装置面板（图 2 – 2）上高压断路器 QF1 、 QF2。

（3）在 AB 段末段进行任意两相短路实验，记录短路电流和各线电压，应记录保护装置中的测量值（读取方法见任务 2.3）。

（4）解除所有故障后，在 AB 段末端进行三相短路，记录保护装置中的测量值。

（5）解除所有故障，将 BC 段电流互感器、电压互感器出口端与保护装置相连。

（6）在 BC 段末端进行两相短路和三相短路，记录各次的短路电流和母线残余电压。

（7）在 AB 段首端和线路其他点进行任意两相短路和三相短路，观察短路电流和母线残余电压。认真体会短路点位置和短路形式不同，造成危害的程度差别。

将计算值和实测值填入表 2 – 1。

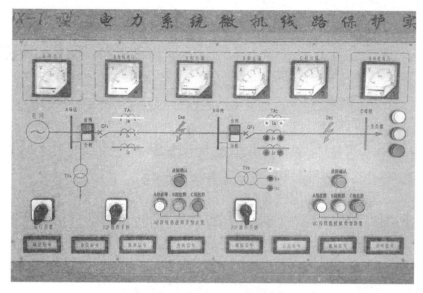

图 2-2　实验装置面板图

表 2-1　不同短路位置短路值记录表

项　目	AB 段末端		BC 段末端	
	计算值	实测值	计算值	实测值
两相短路				
三相短路				
短路残压				

2.2.4　注意事项

（1）实训时，人体不可接触带电线路。

（2）实训装置停送电时严格按照操作顺序进行，严禁带电接线或拆线。

（3）由于实验实训用的三绕组变压器的额定电压是 380V，故操作时应该确保调压器输出在 380V 以下，否则可能损坏实验装置。

（4）学生独立完成接线或改接线路后必须经指导老师检查和允许，并使组内其他同学引起注意后方可接通电源。实训中如发生事故，应立即切断电源，经查清问题和妥善处理故障后，才能继续进行实验。

（5）通电前应先检查是否有短路回路存在，以免损坏仪表或电源。

（6）拆线时，不可用力过猛，以免损害操作面板，导致接触不良或插接点损坏等现象。

（7）实验室总电源或实验台控制屏上的电源应由实验指导教师来控制，其他人员经指导教师允许后才能操作，不得自行合闸。

任务 2.3　模拟系统正常、最大、最小运行方式实训

【任务教学目标】

（1）理解电力系统的运行方式。

（2）理解各种运行方式对继电保护的影响。

2.3.1　实训器材

HPWJX-1 电力系统微机线路保护实训装置、导线若干、万用表、电工工具一套。

2.3.2　实训原理

在电力系统分析课程中，已学过电力系统等值网络的相关内容。可知输电线路长短、电压级数、网络结构等，都会影响网络等值参数。实际中，由于不同时刻投入系统的发电机变压器数有可能发生改变，高压线路检修等情况，网络参数也在发生变化。在继电保护课程中规定：通过保护安装处的短路电流最大时的运行方式称为系统最大运行方式，此时系统阻抗为最小；反之，当流过保护安装处的短路电流为最小时的运行方式称为系统最小运行方式，此时系统阻抗最大。由此可见，可将电力系统等效成一个电压源，最大最小运行方式是它在两个极端阻抗参数下的工况。

作为保护装置，应该保证被保护对象在任何工况下发生任何情况的故障，保护装置都能可靠动作。对于线路的电流电压保护，可

以认为保护设计与整定中考虑了最大、最小两种极端情况后，其他情况下都能可靠动作。

2.3.3 实训步骤

（1）断开微机保护装置跳闸压板，按前述开机过程开启实验设备。

（2）运行方式设置为最大，AB 段短路点位置调至末端2。

（3）调节自耦调压器，将系统电势升至105V。

（4）合上 QF1，在 AB 段进行三相短路（先按下 SB1a、SB1b、SB1c，再按下短路按钮 SB_{AB}）。记录此时的短路电流和 A 母线残余电压（通过进入保护装置 A 中的采样数值读取）。

（5）解除短路故障，将运行方式切换至正常。合上 QF1，在 AB 段末端进行第二次短路，记录短路电流和 A 母线残余电压（读取方法同上）。

（6）解除短路故障，将运行方式切换至最小，重复步骤（5），记录短路电流和 A 母线残余电压。

（7）将实验数据填入表 2 - 2。

表 2 - 2 AB 段线路末端三相短路电流电压值

项 目	实 测 值			计 算 值		
	最大方式	正常方式	最小方式	最大方式	正常方式	最小方式
残余电压/V						
短路电流/A						

2.3.4 注意事项

（1）实训时，人体不可接触带电线路。

（2）实训装置停送电时严格按照操作顺序进行，严禁带电接线或拆线。

（3）由于实验实训用的三绕组变压器的额定电压是380V，故操作时应该确保调压器输出在380V以下，否则可能损坏实验装置。

（4）学生独立完成接线或改接线路后必须经指导老师检查和允许，并使组内其他同学引起注意后方可接通电源。实训中如发生事故，应立即切断电源，经查清问题和妥善处理故障后，才能继续进行实验。

（5）通电前应先检查是否有短路回路存在，以免损坏仪表或电源。

（6）拆线时，不可用力过猛，以免损害操作面板，导致接触不良或插接点损坏等现象。

（7）实验室总电源或实验台控制屏上的电源应由实验指导教师来控制，其他人员经指导教师允许后才能操作，不得自行合闸。

复习思考题

2-1　什么叫短路，短路故障产生的原因有哪些？

2-2　短路对电力系统有哪些危害？

2-3　短路有哪些形式，哪种短路形式的危害最为严重，哪种短路形式出现的几率最大？

2-4　什么是无限大容量电力系统？

2-5　什么是电力系统最大、最小运行方式？

学习情境 3　THSPGC – 2 型工厂供电技术实训装置使用

【项目教学目标】

(1) 掌握正确使用实训装置的方法。

(2) 会工厂供电系统主接线识图。

(3) 会倒闸操作。

(4) 掌握备用电源自动投入原理及实现方法。

任务 3.1　THSPGC – 2 型实训装置使用

【任务教学目标】

(1) 掌握实训装置的结构。

(2) 掌握工厂电力系统网络单元结构。

(3) 会实训装置模拟图的认知。

"THSPGC – 2 工厂供电技术实训装置"是根据机械工业职业技能鉴定指导中心编写的《高级电工技术》、《电工基础》（高级工适用）、《电工技师培训》教材，并结合"工厂供电"和"供配电技术"等课程研制生产的。主要对教材中的 35kV 总降压变电所、10kV 高压变电所及车间用电负荷的供配电线路中涉及的微机继电保护装置、备用电源自动投入装置、无功自动补偿装置、智能采集模块以及工业人机界面等电气一次、二次、控制、保护等重点教学内容进行设计开发的，通过本实训装置中的技能训练，能在深入理解专业知识的同时，培养学生的实践技能。并且本套实训装置还有利于学生对变压器、电动机组、电流互感器、电压互感器、数字电秒表及开关元器件的工作特性和接线原理的理解和掌握。

THSPGC－2 型工厂供电技术实训装置（简称"实训系统"）是由工厂供配电网络单元、微机线路保护及其设置单元、10kV 母线低压减载单元、电秒表计时单元、微机电动机保护及其设置单元，电动机组启动及负荷控制单元、PLC 控制单元、仪表测量单元、有载调压分接头控制单元、无功自动补偿控制单元、备自投控制单元、上位机系统管理单元、接口备用扩展单元及电源单元构成。

3.1.1　工厂供配电电力网络单元

3.1.1.1　工厂的供配电电力一次主接线线路

整个工厂的供配电电力一次主接线线路如图 3－1 所示。

3.1.1.2　主接线面板操作

本实训装置模拟有35kV、10kV 两个不同的电压等级的中型工厂供电系统。该装置用一对方形按钮来模拟实际中的断路器，长柄带灯旋钮来模拟实际中的隔离开关。当按下面板上的红色方形按钮（"合闸"），红色按钮指示灯亮，表示断路器处于合闸状态；按下绿色方形按钮（"分闸"），绿色按钮指示灯亮，表示断路器处于分闸状态；当把长柄带灯旋钮（"隔离开关"）拨至竖直方向时，红色指示灯亮，表示隔离开关处于合闸状态；当把长柄带灯旋钮逆时针拨转30°，指示灯灭，表示隔离开关处于分闸状态。通过操作面板上的按钮和开关可以接通和断开线路，进行系统模拟倒闸操作。

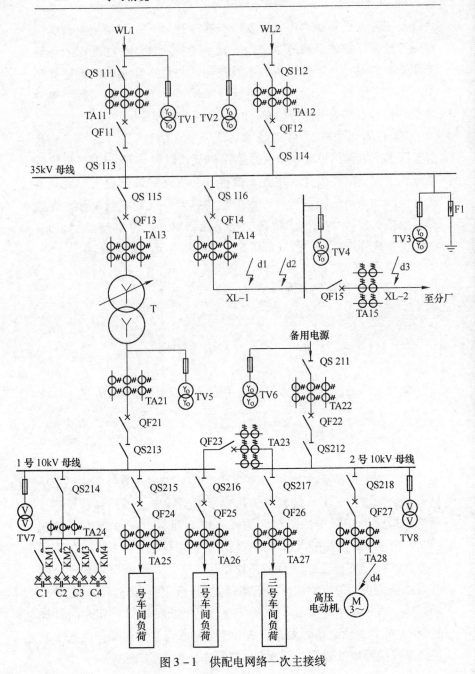

图 3－1　供配电网络一次主接线

3.1.2　实训装置模拟图认知

3.1.2.1　35kV 总降压变电所主接线模拟部分

采用两路 35kV 进线，其中一路正常供电，另一路作为备用，两者互为明备用，通过备自投自动切换。在这两路进线的电源侧分别设置了"WL1 模拟失电"和"WL2 模拟失电"按钮，用于模拟外部电网失电现象。

35kV 母线有两路出线，一路送其他分厂，并在此输电线路上设置了线路故障点：XL - 1 段上的 d1、d2 处和 XL - 2 段上的 d3 处。输电线路的短路故障可分为两大类：接地故障和相间故障。而相间故障中的三相短路故障对线路造成的危害比较大也比较典型，因此在此设置的故障点都是模拟三相短路故障，并通过装设在此段线路上的一台微机线路保护装置来完成高压线路的微机继电保护实验内容，另一路经总降压变电所降压为 10kV 供本部厂区使用。

3.1.2.2　10kV 高压配电所主接线模拟部分

10kV 高压配电所中的进线也有两路，来自 35kV 总降压变电所的供电线路和从邻近变电站进来的备用电源，这两路进线互为备用（面板中"10kV 进线 2 电压"电压表实际测量的是 QS211 后面的电压，用于指示该线路是否失压，模拟线路外部故障）。总降变是按有载调压器设计的，通过有载调压分接头控制单元实现有载调压。在 10kV 母线上还接有无功自动补偿装置，母线上并联了 4 组三角形接法的电容器组，对高压母线的无功进行集中补偿。当低压负荷的变化导致 10kV 母线的功率因数低于设定值，通过无功功率补偿控制单元，实现电容器组的手动、自动补偿功能。除此外在 10kV 高压配电所的 1 号和 2 号母线上还有四路出线：一条线路去一号车间变电所；一条线路去二号车间变电所；一条线路去三号车间变电所；一条线路直接给模拟高压电动机使用，并且于电动机供电线路上装设了微机电动机保护装置以及短路故障设置单元，可以完成高压电动机的继电保护实验内容。

3.1.2.3　负荷部分

对于工厂来说其负载属性为"感性负荷"，所以采用三相磁盘电阻、电抗器和纯感性的制冷风机来模拟车间负荷。各组负荷都采用星形接法。其参数见表 3 – 1。

表 3 – 1　各组负荷参数表

序号	类型	名称	对应位置	参　数
1	风机		一号车间	$3 \times 38W/220V$
2	电阻	RCG1	二号车间	$3 \times 230\Omega/150W$
3	电感	CG1		$(0 \sim 160, 168, 176)\ \Omega/1A$
4	电阻	RCG2	三号车间	$3 \times 250\Omega/150W$
5	电感	CG2		$(0 \sim 233, 246, 260)\ \Omega/1A$
6	电动机		模拟高压电动机	$370W/380V$

3.1.2.4　微机保护装置及二次回路控制实训操作面板

此部分把微机电动机保护装置与微机备自投装置背部接线端子，以及电流互感器和电压互感器接线方法引到装置面板上，让学生自己动手连接装置线路，主要目的是培养学生实际的动手能力，更好地掌握电压、电流互感器的接线方法，使学生熟悉装置的基本工作原理以及保护功能。

任务 3.2　实训台电气主接线模拟图的操作

【任务教学目标】

（1）认识电气器件的代表符号。

（2）掌握本实训装置电气主接线模拟图。

（3）掌握本实训装置电气主接线模拟图的设计理念。

3.2.1　实训器材

THSPGC – 2 工厂供电技术实训装置、导线若干、万用表、电工工具一套。

3.2.2　实训原理

本实训装置模拟有 35kV、10kV 两个不同的电压等级的中型工厂供电系统。如图 3 – 1 所示，QF 为断路器；QS 为隔离开关；TA 为电流互感器；TV 为电压互感器；T 为变压器。

该装置用一对方形按钮来模拟实际中的断路器，长柄带灯旋钮来模拟实际中的隔离开关。当按下面板上的红色方形按钮（"合闸"），红色按钮指示灯亮，表示断路器处于合闸状态；按下绿色方形按钮（"分闸"），绿色按钮指示灯亮，表示断路器处于分闸状态；当把长柄带灯旋钮（"隔离开关"）拨至竖直方向时，红色指示灯亮，表示隔离开关处于合闸状态；当把长柄带灯旋钮逆时针拨转30°，指示灯灭，表示隔离开关处于分闸状态。通过操作面板上的按钮和开关可以接通和断开线路，进行系统模拟倒闸操作。

3.2.3　实训步骤

（1）按照正确顺序启动实训装置：依次合上实训控制柜上的"总电源"、"控制电源 I"和实训控制屏上的"控制电源 II"、"进线电源"开关。

（2）把无功补偿方式选择开关拨到自动状态。本节实训要求 HSA－531 微机线路保护装置、HSA－536 微机电动机保护装置中的所有保护全部退出，微机备自投装置设置成应急备投状态。

（3）依次合上实训装置控制屏上的 QS111、QS113、QF11、QS115、QF13、QS213、QF21、QS211、QS212、QF22、QS214、QS215、QF24、QS216、QF25 给 10kV I 段母线上的用户供电，接下来依次合上实训装置控制屏上的 QS217、QF26、QS218、QF27 给 10kV II 段母线上的用户供电，在装置的控制柜上把电动机启动方式选择开关打到直接位置，然后按下电动机启停控制部分的启动按钮，电动机组启动运行。到此，完成了本厂区的送电。接下来给其他分厂送电：依次合上 QS111、QS113、QF11、QS116、QF14、QF15，这时模拟分厂指示灯亮，表明分厂送电完成。

（4）模拟 35kV 至分厂线路上发生相间短路故障：手动按下线路 XL－1 段上的短路故障设置按钮 d1，观察控制柜上线路电流表显示的短路电流；待 d1 经延时自复位后，手动按下线路 XL－1 段上的短路故障设置按钮 d2，观察控制柜上线路电流表显示的短路电流；待 d2 经延时自复位后，手动按下线路 XL－1 段上的短路故障设置按钮 d3，观察控制柜上线路电流表显示的短路电流。

（5）模拟高压电动机组发生故障：手动按下电动机进线处的短路故障设置按钮 d4，观察控制柜上高压电动机电流表显示的短路电流。

3.2.4 注意事项

（1）实训时，人体不可接触带电线路。

（2）实训装置停送电时严格按照操作顺序进行，严禁带电接线或拆线。

（3）严格按正确的操作给实训装置上电和断电。

（4）学生独立完成接线或改接线路后必须经指导老师检查和允许，并使组内其他同学引起注意后方可接通电源。实训中如发生事故，应立即切断电源，经查清问题和妥善处理故障后，才能继续进行实验。

（5）在保证电网三相电压正常情况下，将控制屏上的电源线插在实训控制柜上的专用插座上，把控制柜的电源线插在实验室中三相电的插座上，按照正确的操作给装置上电，观察 35kV 高压配电所主接线模拟图部分上方的两只电压表，使用凸轮开关观察三相电压是否平衡、不缺相，正常后方可继续进行下面的实训操作。

（6）在每次上电前要保证隔离开关处于分闸状态。

（7）拆线时，不可用力过猛，以免损害操作面板，导致接触不良或插接点损坏等现象。

（8）实验室总电源或实验台控制屏上的电源应由实验指导教师来控制，其他人员经指导教师允许后才能操作，不得自行合闸。

任务 3.3　电流互感器与电压
互感器的接线方式

【任务教学目标】

(1) 理解电流互感器、电压互感器的原理。

(2) 掌握电流互感器与电压互感器的接线方法。

3.3.1　实训器材

THSPGC – 2 工厂供电技术实训装置、导线若干、万用表、电工工具一套。

3.3.2　实训原理

互感器（transformer）是电流互感器与电压互感器的统称。从基本结构和工作原理来说，互感器就是一种特殊变压器。

电流互感器（current transformer，缩写为 CT，文字符号为 TA），是一种变换电流的互感器，其二次侧额定电流一般为 5A。

电压互感器（voltage transformer，缩写为 PT，文字符号为 TV），是一种变换电压的互感器，其二次侧额定电压一般为 100V。

3.3.2.1　互感器的功能

(1) 用来使仪表、继电器等二次设备与主电路（一次电路）绝缘。这既可避免主电路的高电压直接引入仪表、继电器等二次设备，有可防止仪表、继电器等二次设备的故障影响主回路，提高一、二次电路的安全性和可靠性，并有利于人身安全。

（2）用来扩大仪表、继电器等二次设备的应用范围。通过采用不同变比的电流互感器，用一只 5A 量程的电流表就可以测量任意大的电流。同样，通过采用不同变压比的电压互感器，用一只 100V 量程的电压表就可以测量任意高的电压。而且由于采用互感器，可使二次仪表、继电器等设备的规格统一，有利于这些设备的批量生产。

3.3.2.2　互感器的结构和接线方案

电流互感器的基本结构原理如图 3 - 2 所示。它的结构特点是：其一次绕组匝数很少，有的电流互感器（例如母线式）没有一次绕组，而是利用穿过其铁芯的一次电路作为一次绕组，且一次绕组导体相当粗，而二次绕组匝数很多，导体很细。工作时，一次绕组串联在一次电路中，而二次绕组则与仪表、继电器等电流线圈相串联，形成一个闭合回路。由于这些电流线圈的阻抗很小，因此电流互感器工作时二次回路接近于短路状态。其接线方式如图 3 - 3 所示。

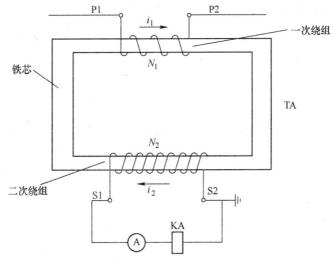

图 3 - 2　电流互感器的基本结构和接线

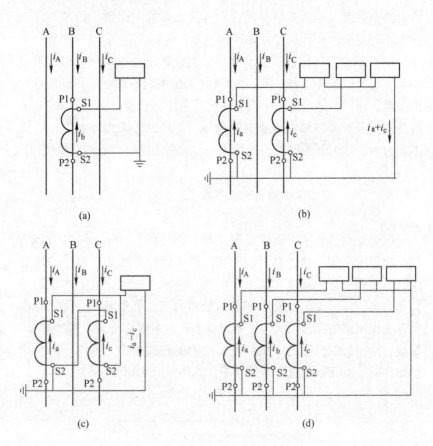

图 3 - 3 电流互感器的接线方案

（a）一相式；（b）两相 V 形；（c）两相电流差；（d）三相星形

电压互感器的基本结构原理图如图 3 - 4 所示。它的结构特点是：其一次绕组匝数很多，而二次侧绕组较少，相当于降压变压器。工作时，一次绕组并联在一次电路中，而二次绕组并联仪表、继电器的电压线圈。由于这些电压线圈的阻抗很大，所以电压互感器工作时二次绕组接近于空载状态。其接线方式如图 3 - 5 所示。

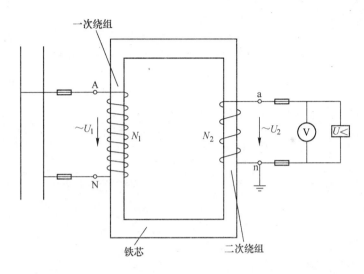

图 3 - 4　电压互感器的基本结构和接线

3.3.3　实训步骤

在控制屏右下方的互感器区 TV、TA，按照互感器接线方案图把互感器接成满足要求的接线形式。在本节实训过程中装置不用上电。完成下列实训内容。

3.3.3.1　电流互感器的接线实训

对照原理说明部分电流互感器的接线方案［图 3 - 4(a)、（b）、(c)、(d)］把电流互感器接成满足下列要求的接线形式：

（1）一相式；

（2）两相 V 形；

（3）两相电流差；

（4）三相星形。

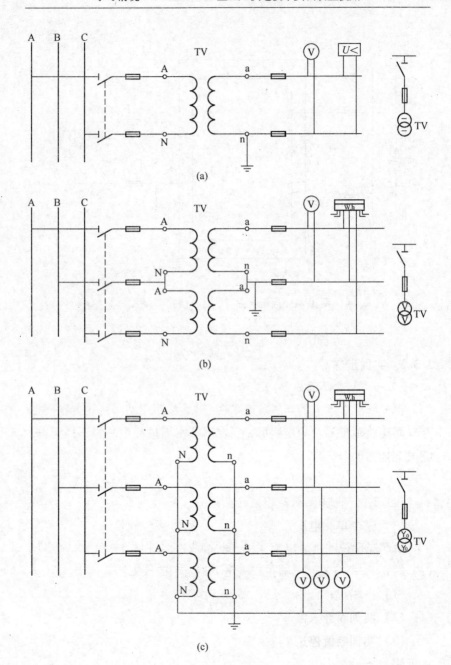

(a)

(b)

(c)

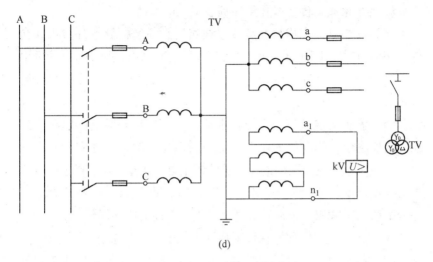

(d)

图 3-5　电压互感器的接线方案

（a）一个单相电压互感器；（b）两个单相接成 V/V 形；（c）三个单相接成 Y_0/Y_0 形；

（d）三个单相三绕组或一个三相五芯柱三绕组电压互感器接成 $Y_0/Y_0/\triangle$（开口三角形）

3.3.3.2　电压互感器的接线实训

对照原理说明部分电压互感器的接线方案［图 3-5（a）、（b）、（c）］把电压互感器接成满足下列要求的接线形式：

（1）一个单相电压互感器。

（2）两个单相电压互感器。

（3）三个单相电压互感器。

3.3.4　注意事项

（1）实训时，人体不可接触带电线路。

（2）实训装置停送电时严格按照操作顺序进行，严禁带电接线或拆线。

（3）严格按正确的操作给实训装置上电和断电。

（4）学生独立完成接线或改接线路后必须经指导老师检查和允许，并使组内其他同学引起注意后方可接通电源。实训中如发生事故，应立即切断电源，经查清问题和妥善处理故障后，才能继续进行实验。

（5）在保证电网三相电压正常情况下，将控制屏上的电源线插在实训控制柜上的专用插座上，把控制柜的电源线插在实验室中三相电的插座上，按照正确的操作给装置上电，观察 35kV 高压配电所主接线模拟图部分上方的两只电压表，使用凸轮开关观察三相电压是否平衡、不缺相，正常后方可继续进行下面的实训操作。

（6）在每次上电前要保证隔离开关处于分闸状态。

（7）拆线时，不可用力过猛，以免损害操作面板，导致接触不良或插接点损坏等现象。

（8）实验室总电源或实验台控制屏上的电源应由实验指导教师来控制，其他人员经指导教师允许后才能操作，不得自行合闸。

任务 3.4　工厂供电倒闸操作

【任务教学目标】

（1）了解什么是倒闸操作。

（2）熟悉倒闸操作的要求及步骤。

（3）熟悉倒闸操作注意事项。

3.4.1　实训器材

THSPGC－2 工厂供电技术实训装置、导线若干、万用表、电工工具一套。

3.4.2　实训原理

倒闸操作是指按规定实现的运行方式，对现场各种开关（断路器及隔离开关）所进行的分闸或合闸操作。它是变配电所值班人员的一项经常性的、复杂而细致的工作，同时又十分重要，稍有疏忽或差错都将造成严重事故，带来难以挽回的损失。所以倒闸操作时应对倒闸操作的要求和步骤了然于胸，并在实际执行中严格按照这些规则操作。

3.4.2.1　倒闸操作的具体要求

（1）变配电所的现场一次、二次设备要有明显的标志，包括名称、编号、铭牌、转动方向、切换位置的指示以及区别电气相别的颜色等。

（2）要有与现场设备标志和运行方式相符合的一次系统模拟图，继电保护和二次设备还应有二次回路的原理图和展开图。

（3）要有考试合格并经领导批准的操作人和监护人。

（4）操作时不能单凭记忆，应在仔细检查了操作地点及设备的名称编号后，才能进行操作。

（5）操作人不能依赖监护人，而应对操作内容完全做到心中有数。否则，操作中容易出问题。

（6）在进行倒闸操作时，不要做与操作无关的工作或闲谈。

（7）处理事故时，操作人员应沉着冷静，不要惊慌失措，要果断地处理事故。

（8）操作时应有确切的调度命令、合格的操作或经领导批准的操作卡。

（9）要采用统一的、确切的操作术语。

（10）要用合格的操作工具、安全用具和安全设施。

3.4.2.2　倒闸操作的步骤

变配电所的倒闸操作可参照下列步骤进行：

（1）接受主管人员的预发命令。值班人员接受主管人员的操作任务和命令时，一定要记录清楚主管人员所发的任务或命令的详细内容，明确操作目的和意图。在接受预发命令时，要停止其他工作，集中思想接受命令，并将记录内容向主管人员复诵，核对其正确性。对枢纽变电所重要的倒闸操作应有两人同时听取和接受主管人员的命令。

（2）填写操作票。值班人员根据主管人员的预发令，核对模拟图，核对实际设备，参照典型操作票，认真填写操作票，在操作票上逐项填写操作项目。填写操作票的顺序不可颠倒，字迹清楚，不得涂改，不得用铅笔填写。而在事故处理、单一操作、拉开接地刀闸或拆除全所仅有的一组接地线时，可不用操作票，但应将上述操作记入运行日志或操作记录本上。

（3）审查操作票。操作票填写后，写票人自己应进行核对，认为确定无误后再交监护人审查。监护人应对操作票的内容逐项审查。对上一班预填的操作票，即使不在本班执行，也要根据规定进行审查。审查中若发现错误，应由操作人重新填写。

（4）接受操作命令。在主管人员发布操作任务或命令时，监护人和操作人应同时在场，仔细听清主管人员所发的任务和命令，同时要核对操作票上的任务与主管人员所发布的是否完全一致。并由监护人按照填写好的操作票向发令人复诵。经双方核对无误后在操作票上填写发令时间，并由操作人和监护人签名。只有这样，这份操作票才合格可用。

（5）预演。操作前，操作人、监护人应先在模拟图上按照操作票所列的顺序逐项唱票预演，再次对操作票的正确性进行核对，并相互提醒操作的注意事项。

（6）核对设备。到达操作现场后，操作人应先站准位置核对设备名称和编号，监护人核对操作人所站的位置、操作设备名称及编号应正确无误。检查核对后，操作人穿戴好安全用具，取立正姿势，眼看编号，准备操作。

（7）唱票操作。监护人看到操作人准备就绪，按照操作票上的顺序高声唱票，每次只准唱一步。严禁凭记忆不看操作票唱票，严禁看编号唱票。此时操作人应仔细听监护人唱票，并看准编号，核对监护人所发命令的正确性。操作人认为无误时，开始高声复诵，并用手指编号，做操作手势。严禁操作人不看编号随意复诵，严禁凭记忆复诵。在监护人认为操作人复诵正确、两人一致认为无误后，监护人发出"对，执行"的命令，操作人方可进行操作，并记录操作开始的时间。

（8）检查。每一步操作完毕后，应由监护人在操作票上打一个"√"号。同时两人应到现场检查操作的正确性，如设备的机械指示、信号指示灯、表计变化情况等，以确定设备的实际分合位置。监护人认可后，应告诉操作人下一步的操作内容。

（9）汇报。操作结束后，应检查所有操作步骤是否全部执行，然后由监护人在操作票上填写操作结束时间，并向主管人员汇报。对已执行的操作票，在工作日志和操作记录本上做好记录。并将操作票归档保存。

（10）复查评价。变配电所值班负责人要召集全班，对本班已执行完毕的各项操作进行复查、评价并总结经验。

3.4.2.3　倒闸操作的注意事项

进行倒闸操作应牢记并遵守下列注意事项：

（1）倒闸操作前必须了解运行、继电保护及自动装置等情况。

（2）在电气设备送电前，必须收回并检查有关工作票，拆除临时接地线或拉下接地隔离开关，取下标识牌，并认真检查隔离开关和断路器是否在断开位置。

（3）倒闸操作必须由两人进行，一人操作一人监护。操作中应使用合格的安全工具，如验电笔、绝缘手套、绝缘靴等。

（4）变配电所上空有雷电活动时，禁止进行户外电气设备的倒闸操作；高峰负荷时要避免倒闸操作；倒闸操作时不进行交接班。

（5）倒闸操作前应考虑继电保护及自动装置整定值的调整，以适应新的运行方式。

（6）备用电源自动投入装置及重合闸装置，必须在所属主设备停运前退出运行，所属主设备送电后再投入运行。

（7）在倒闸操作中应监视和分析各种仪表的指示情况。

（8）在断路器检修或二次回路及保护装置上有人工作时，应取下断路器的直流操作保险，切断操作电源。油断路器在缺油或无油时，应取下油断路器的直流操作保险，以防系统发生故障而跳开该油断路器时发生断路器爆炸事故（因油断路器缺油使灭弧能力减弱，不能切断故障电流)。

(9) 倒母线过程中拉或合母线隔离开关、断路器旁路隔离开关及母线分段隔离开关时,必须取下相应断路器的直流操作保险,以防止带负荷操作隔离开关。

(10) 在操作隔离开关前,应先检查断路器确在断开位置,并取下直流操作保险,以防止操作隔离开关过程中因断路器误动作而造成带负荷操作隔离开关的事故。

3.4.2.4　停送电操作时拉合隔离开关的次序

操作隔离开关时,绝对不允许带负荷拉闸或合闸。故在操作隔离开关前,一定要认真检查断路器所处的状态。为了在发生错误操作时能缩小事故范围,避免人为扩大事故,停电时应先拉线路侧隔离开关,送电时应先合母线侧隔离开关。这是因为停电时可能出现的误操作情况有:断路器尚未断开电源而先拉隔离开关,造成了带负荷拉隔离开关;断路器虽已断开,但在操作隔离开关时由于走错间隔而错拉了不应停电的设备。

3.4.2.5　变压器的倒闸操作

(1) 变压器停送电操作顺序:送电时,应先送电源侧,后送负荷侧;停电时,操作顺序与此相反。

按上述顺序操作的原因是:由于变压器主保护和后备保护大部分装在电源侧,送电时,先送电源,在变压器有故障的情况下,变压器的保护动作,使断路器跳闸切除故障,便于按送电范围检查、判断及处理故障;送电时,若先送负荷侧,在变压器有故障的情况下,对小容量变压器,其主保护及后备保护均装在电源侧,此时,保护拒动,这将造成越级跳闸或扩大停电范围。对大容量变压器,均装有差动保护,无论从哪一侧送电,变压器故障均在其保护范围内，但大容量变压器的后备保护（如过流保护）均装在电源侧，为取得后备保护，仍然按照先送电源侧，后送负荷侧为好。停电时，先停负荷侧，在负荷侧为多电源的情况下，可避免变压器反充电；反之，将会造成变压器反充电，并增加其他变压器的负担。

（2）凡有中性点接地的变压器，变压器的投入或停用，均应先合上各侧中性点接地隔离开关。变压器在充电状态，其中性点隔离开关也应合上。

中性点接地隔离开关合上的目的是：其一，可以防止单相接地产生过电压和避免产生某些操作过电压，保护变压器绕组不致因过电压而损坏；其二，中性点接地隔离开关合上后，当发生单相接地时，有接地故障电流流过变压器，使变压器差动保护和零序电流保护动作，将故障点切除。如果变压器处于充电状态，中性点接地隔离开关也应在合闸位置。

（3）两台变压器并联运行，在倒换中性点接地隔离开关时，应先合上中性点未接地的接地隔离开关，再拉开另一台变压器中性点接地的隔离开关，并将零序电流保护切换至中性点接地的变压器上。

（4）变压器分接开关的切换。无载分接开关的切换应在变压器停电状态下进行，分接开关切换后，必须用欧姆表测量分接开关接触电阻合格后，变压器方可送电。有载分接开关在变压器带负荷状态下，可手动或电动改变分接头位置，但应防止连续调整。

3.4.3　实训步骤

3.4.3.1　送电操作

变配电所送电时，一般从电源侧的开关合起，依次合到负荷侧的各开关。按这种步骤进行操作，可使开关的合闸电流减至最小，比较安全。如果某部分存在故障，该部分合闸便会出现异常情况，故障容易被发现。但是在高压断路器 – 隔离开关及低压断路器 – 刀开关电路中，送电时一定要按照以下顺序依次操作：母线侧隔离开关或刀开关→线路侧隔离开关或刀开关→高压或低压断路器。

（1）在"WL1"或"WL2"上任选一条进线，在此以选择进线 Ⅰ 为例：合上隔离开关 QS111，拨动"WL1 进线电压"电压表下面的凸轮开关，观察电压表的电压是否正常，有无缺相现象。然后再合上隔离开关 QS113，接着合上断路器 QF11，如一切正常，合上隔离开关 QS115 和断路器 QF13，这时主变压器投入。

（2）拨动 10kV 进线 Ⅰ 电压表下面的凸轮开关，观察电压表的电压是否正常，有无缺相现象。如一切正常，依次合上隔离开关 QS213 和断路器 QF21、QF23，隔离开关 QS215 和断路器 QF24，隔离开关 QS216 和断路器 QF25，隔离开关 QS217 和断路器 QF26，给一号车间变电所、二号车间变电所、三号车间变电所送电。

3.4.3.2　停电操作

变配电所停电时，应将开关拉开，其操作步骤与送电相反，一般先从负荷侧的开关拉起，依次拉到电源侧开关。按这种步骤进行操作，可使开关分断时产生的电弧减至最小，比较安全。

3.4.3.3　断路器和隔离开关的倒闸操作

倒闸操作步骤为：合闸时应先合隔离开关，再合断路器；拉闸时应先断开断路器，然后再拉开隔离开关。

3.4.4　注意事项

（1）实训时，人体不可接触带电线路。

（2）实训装置停送电时严格按照操作顺序进行，严禁带电接线或拆线。

（3）严格按正确的操作给实训装置上电和断电。

（4）学生独立完成接线或改接线路后必须经指导老师检查和允许，并使组内其他同学引起注意后方可接通电源。实训中如发生事故，应立即切断电源，经查清问题和妥善处理故障后，才能继续进行实验。

（5）在保证电网三相电压正常情况下，将控制屏上的电源线插在实训控制柜上的专用插座上，把控制柜的电源线插在实验室中三相电的插座上，按照正确的操作给装置上电，观察 35kV 高压配电所主接线模拟图部分上方的两只电压表，使用凸轮开关观察三相电压是否平衡、不缺相，正常后方可继续进行下面的实训操作。

（6）在每次上电前要保证隔离开关处于分闸状态。

（7）拆线时，不可用力过猛，以免损害操作面板，导致接触不良或插接点损坏等现象。

（8）实验室总电源或实验台控制屏上的电源应由实验指导教师来控制，其他人员经指导教师允许后才能操作，不得自行合闸。

复习思考题

3-1　电流互感器和电压互感器各有什么功能？

3-2　电流互感器工作时二次侧为什么不能开路？

3-3　电压互感器工作时二次侧为什么不能短路？

3-4　高压隔离开关有哪些功能，与高压断路器配合应怎样操作？

3-5　高压熔断器有哪些功能？

3-6　对工厂变配电所主接线有哪些基本要求？

3-7　变配电所通常有哪些值班制度，值班员有哪些主要职责？

学习情境 4　微机变压器保护实训装置使用

【项目教学目标】

(1) 会使用微机变压器保护实训装置。

(2) 掌握变压器差动保护概念。

(3) 掌握变压器瓦斯保护概念。

(4) 掌握不同瓦斯保护类型动作形式。

任务 4.1　实训装置使用及系统差动保护原理

【任务教学目标】

(1) 掌握微机保护装置的结构。

(2) 会各种故障类型的设置。

(3) 掌握变压器差动保护原理。

THPWJB－1－1 微机变压器保护实验实训装置由电源控制屏、变压器系统一次回路和二次回路三部分构成。装置采用整体式结构，实验资源集中，可以满足"电力工程"和"继电保护"等相关课程的教学需要。装置布局合理，外形美观，面板示意图明确、清晰、直观。实验实训连接线采用高可靠弹性结构手枪式插头，电路连接方式安全可靠，迅速简便。控制屏供电设有电压型漏电保护和电流型漏电保护装置，三相电源供电的原副边都具有过流保护功能，以保护操作者的安全和设备本身的安全，为开放性的实验室创造了安全条件。

4.1.1　实训装置介绍

4.1.1.1　电源控制屏

电源控制屏主要为实验实训提供各种电源，如三相交流电源、直流电源。屏上还设有定时兼告警记录仪，供教师考核学生之用。在控制屏两边设有单相和三相电源插座。

（1）三相电压指示。通过操作交流电压表下方的电压显示切换开关，可以显示调压器原、副边三相线电压。

（2）定时器兼告警记录仪。可以对违规使用的次数进行记录，为学生实验技能的考核提供一个统一标准。

（3）电源控制部分。由空气开关、钥匙开关、启动按钮、停止按钮及直流电源开关组成。正常操作顺序：合上空气开关，此时报警记录仪开始工作；再打开钥匙开关，U、V、W 三相指示灯及红色停止按钮亮，此时把直流电源开关打开，直流电源开始供电；再按下启动按钮，三相交流电源开始供电。

（4）电源输出。电源控制屏可提供三相交流 380V/3A 输出，通过三相自耦调压器可输出三相 0~430V/3A。并由三相电压表监视其输出的三相线电压。直流电源给控制回路和光字牌供电。

特别提醒，由于实验用的三绕组变压器的额定电压是 380V，故实验时应该确保调压器输出在 380V 以下。否则可能损坏实验装置。

4.1.1.2　变压器一次回路

实验实训装置采用三相三绕组芯式变压器，变压器额定参数为：

三侧容量 800V·A/800V·A/380V·A，电压比为 380V/220V/127V，连接组别：Y/Y/△－12－11。系统的短路阻抗、线路阻抗、负载阻抗均采用大功率可调电阻或电抗。

变压器高、中、低压三侧均装有电压表和三相电流表，可以方便地显示变压器三侧的三相线电压和三相线电流。

4.1.1.3 变压器三侧断路器二次回路

变压器高、中、低压三侧断路器装有手动合、分闸控制按钮。红色按钮为合闸按钮，绿色按钮为分闸按钮，当断路器处于分闸状态时，绿色按钮发光，表示断路器处于分闸位置，按下合闸按钮，断路器合闸，红色按钮发光，表示断路器处于合闸状态，按下分闸按钮，断路器分闸。

4.1.2 变压器故障类型设置

为了模拟电力变压器的各类内部和外部短路故障，在实验实训装置的面板上，装有变压器中、低压侧故障设置模块。中压侧故障设置模块可以设置单相接地短路、相间短路、相间接地短路和三相短路。低压侧故障设置模块可以设置相间短路三相短路。举例说明设置方法：

（1）设置低压侧区外 AB 相间短路，操作低压侧故障设置模块：

1）短路区域设置：将低压侧故障区域选择开关投到区外挡，设置为区外短路。

2）短路类型设置：按下实验面板中的 SBa、SBb 按钮，按钮指示灯发光，说明 AB 相间短路类型设置成功。

3）短路投退控制：按下 SB2，接触器 KM2 闭合，低压侧区外 AB 相间短路故障投入运行。如需退出短路运行，特别是在实验中保护没有正常动作，可以迅速按 SB2，退出短路运行，再按 SBa、SBb，退出短路设置。

（2）设置中压侧 A 相接地故障，操作中压侧故障设置模块：

1）短路区域设置：将中压侧故障区域选择开关投到区外挡，设置为区外短路。

2）短路类型设置：按下 SBa、SBb 按钮，按钮指示灯发光，说明 A 相接地短路类型设置成功。

3）短路投退控制：按下 SB1，接触器 KM1 闭合，中压侧区外 A 相接地短路故障投入运行。如需退出短路运行，特别是在实验中保护没有正常动作，可以迅速按 SB1，退出短路运行，再按 SBa、SBb，退出短路设置。

4.1.3　互感器接线

在采用微机型保护装置的变压器保护中，变压器各侧的电流互感器二次均采用星形接线，其二次电流直接接入保护装置，变压器各侧的电流互感器二次电流相位由软件校正，从而简化了 CT 二次接线。电流互感器极性都以指向变压器为同极性端。例如，高压侧的电流互感器二次输出接入变压器主保护装置的实验接线图有两种表现形式，一种是单独对应连接，如图 4 - 1 所示，第二种是在接线较多的情况下，为使实验接线图简洁、明了，采用总线形势表示，如图 4 - 2 所示，实际接线也是单独对应连接。

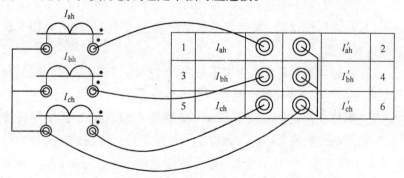

图 4 - 1　电流互感器实验接线图（单独对应连线）

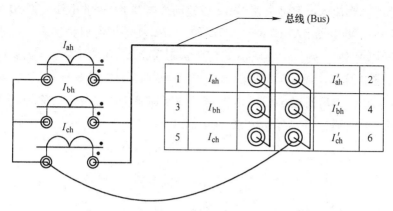

图4-2 电流互感器实验接线图（总线表示）

4.1.4 电力变压器的差动保护

差动保护分纵联差动保护和横联差动保护两种形式，纵联差动保护用于单回路，横联差动保护用于双回路。这里讲的主要是纵联差动保护。差动保护利用故障时产生的不平衡电流来动作，保护灵敏度高，而且动作迅速。按 GB 50062—1992 规定：10MV·A 及以上的单独运行变压器和 6.3MV·A 及以上的并列运行变压器，应装设纵联差动保护；其他重要变压器及电流速断保护灵敏度达不到要求时，也可装设纵联差动保护。

4.1.4.1 电力变压器差动保护的基本原理

电力变压器的差动保护，主要用来保护电力变压器内部以及引出线和绝缘套管的相间短路，并且也可以用来保护变压器内部的匝间短路，其保护区在变压器一、二次侧所装电流互感器之间。

如图4-3所示，在变压器正常运行或差动保护的保护区外 $k-1$ 电发生短路时，TA1 的二次电流 I_1' 与 TA2 的二次电流 I_2' 相等或近似相等，则流入电流继电器 KA（或差动继电器 KD）的电流 $I_{KA} = I_1' - I_2' \approx 0$，继电器 KA（或 KD）不动作，当差动保护的保护区内 $k-2$ 点发生短路时，对于单端供电的变压器来说，$I_2' = 0$，所以 $I_{KA} = I_1'$，超过继电器 KA（或 KD）所整定的动作电流 $I_{OP}(d)$，使 KA（或 KD）瞬时动作，然后通过出口继电器 KM 使断路器 QF 跳闸，切除短路故障，同时通过信号继电器 KS 发出信号。

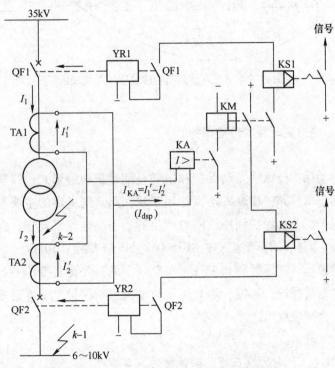

图 4-3 变压器纵联差动保护的单相原理电路

4.1.4.2 电力变压器正常时差动保护中的不平衡电流及减小措施

电力变压器差动保护是利用保护区内发生短路故障时，变压器两侧电流在差动回路（即差动保护中连接继电器的回路）中引起的不平衡电流而动作的一种保护。其不平衡电流 $I_{dsp} = I'_1 - I'_2$。在电力变压器正常运行或保护区外短路时，希望 I_{dsp} 尽可能地小，理想情况下是 $I_{dsp} = 0$。但这几乎不可能，因为 I_{dsp} 不仅与变压器及电流互感器的接线方式和结构性能等因素有关，而且与变压器的运行有关，因此只能设法使之尽可能地减小。不平衡电流产生的原因及其减小或消除的措施：

（1）由电力变压器接线引起的不平衡电流及其减小措施。工厂总降压变电所的主变压器通常采用 Yd11 连结组，这就造成变压器两侧电流 30°的相位差。为了消除差动回路中这一不平衡电流 I_{dsp}，将装设在变压器星形连结一侧的电流互感器接成三角形；而将装设在变压器三角形连结一侧的电流互感器接成星形连结。如此连接进行相位差的相互补偿后，即可消除差动回路中因变压器两侧电流相位不同而引起的不平衡电流。

（2）由电力变压器两侧电流互感器电流比选择而引起的不平衡电流及消除措施。由于电流变压器的电压比和电流互感器的电流比各有标准，因此不太可能使之完全配合恰当，从而不太可能使差动保护两边的电流完全相等，这就必然在差动保护回路中产生不平衡电流。为消除这一不平衡电流，可以在互感器二次回路接入自耦电流互感器来进行平衡，或利用速饱和电流互感器中或差动继电器中的平衡线圈来实现平衡，消除不平衡电流。

（3）由电力变压器励磁涌流引起的不平衡电流及其减小措施。由于电力变压器在空载时投入产生的励磁涌流只通过变压器一次绕组，而二次绕组因开路而无电流，从而在差动回路中产生相当大的不平能电流。这可以通过在差动保护回路中接入速饱和电流互感器，而继电器则接在速饱和电流互感器的二次侧，以减小励磁涌流对差动保护的影响。

任务 4.2　系统正常运行及故障电流的测量

【任务教学目标】

（1）会各种故障类型的设置。

（2）掌握微机保护装置的使用和参数设置方法。

（3）能进行数据分析。

4.2.1　实训器材

THPWJB – 1 – 1 微机变压器保护实验装置、导线若干、万用表、电工工具一套。

4.2.2　实训原理

实现变压器纵联差动保护的主要问题是减小不平衡电流及其对保护的影响。差动保护利用故障时产生的不平衡电流来动作，保护灵敏度高，且动作迅速。产生不平衡电流原因主要有如下几种：

（1）电流互感器的计算变比与实际变比不同引起的不平衡电流。

（2）变压器两侧电流相位不相同而产生的不平衡电流。

（3）变压器各侧电流互感器型号不同而产生的不平衡电流。

（4）励磁涌流引起的不平衡电流。

在微机保护中，由于软件计算的灵活性，允许变压器各侧 CT 二次都采用Y形接线。在进行差动计算时由软件对变压器Y形侧电流进行相位校准和电流补偿。

应该注意的是微机型差动保护装置还要求各侧差动 CT 均按照同

极性接入，即各侧电流均以流入或流出变压器为正，只有这样的接线才能保证软件计算正确。

主变压器的各侧 CT 二次按Y形接线，由软件进行相位校准后，由于变压器各侧额定电流不等及各侧差动 CT 变比不等，还必须对各侧计算电流值进行平衡调整，才能消除不平衡电流对变压器差动保护的影响。

本实训装置的微机差动保护装置具有 CT 自动平衡功能。在实际应用中，只需根据计算变比选择合适的电流互感器，把实际变比当作定值送入微机保护，由微机保护软件算出电流平衡调整系数 K_b，实现电流的自动平衡调整，以消除不平衡电流的影响。具体计算如下：

以高压侧 CT 变比为基准，对中压侧及低压侧 CT 进行调整，中压侧平衡系数为：

$$K_m = \frac{K_{jx\_h} \times U_m \times N_m}{K_{jx\_m} \times U_h \times N_h}$$

低压侧平衡系数为：

$$K_l = \frac{K_{jx\_h} \times U_l \times N_l}{K_{jx\_l} \times U_h \times N_h}$$

式中，U_h、U_m、U_l 分别为高中低各侧额定线电压；N_h、N_m、N_l 分别为高中低各侧 CT 变比；K_{jx_h}、K_{jx_m}、K_{jx_l} 分别为高中低各侧 CT 接线系数，对于 Y 形接线侧为 1.732，对于△形接线侧为 1。

下面举例说明电流平衡调整系数 K_b 的计算方法。

已知变压器三侧容量为 31.5/20/31.5MV·A，电压比为 110kV/38.5kV/11kV，接线方式为 $Y_0/Y/\triangle - 12 - 11$，TA 二次额定电流为 5A。计算如下。

$I_{1hN} = 31500/(\sqrt{3} \times 110) = 165A$，TA 变比选 $K_h = 200/5 = 40$

$I_{1mN} = 31500/(\sqrt{3} \times 38.5) = 473A$，TA 变比选 $K_m = 500/5 = 100$

$I_{1lN} = 31500/(\sqrt{3} \times 11) = 1650A$，TA 变比选 $K_l = 2000/5 = 400$

软件相位校正及计算的各侧二次计算电流：

$$I_{2ch} = \sqrt{3} \times 165/40 = 7.15A$$

$$I_{2cm} = \sqrt{3} \times 473/100 = 8.19A$$

$$I_{2cl} = 1650/400 = 4.12A$$

计算调整系数 K_b：

$$K_{bh} = 1（以高压侧二次侧计算值 I_{2ch}）$$

$$K_{bm} = 7.15/8.19 = 0.87（按级差选 0.875）$$

$$K_{bl} = 7.15/4.12 = 1.73（按级差选 1.75）$$

微机保护利用上述调整系数求得变压器正常运行及故障时各侧平衡计算后的二次电流。需要注意的是，变压器差动保护在计算各侧额定电流时，额定容量均取最大容量。

4.2.3　实训步骤

4.2.3.1　微机差动保护装置参数设置

实训装置中，变压器为单侧电源供电的三绕组降压变压器，其额定参数为：高、中、低三侧容量分别为 800V·A/800V·A/380V·A，电压比为 380V/220V/127V，接线方式为 Y/Y/△ - 12 - 11。三侧 CT 变比均为 1。额定电流计算公式如下：

$$I_N = \frac{S_N}{U_N \times \sqrt{3}}$$

式中，S_N 为变压器最大额定容量。

根据以上公式计算出变压器三侧额定电流见表 4 - 1。

表 4 - 1　由公式计算的变压器三侧额定电流　　　（A）

高压侧额定电流（I_{hN}）	中压侧额定电流（I_{mN}）	低压侧额定电流（I_{lN}）
1.21	2.1	3.64

由于三侧 CT 变比均为 1，所以变压器三侧二次额定电流与一次额定电流相等。设置各项参数，见表 4-2、表 4-3。

表 4-2　变压器主保护：保护投退菜单

保护序号	代　号	保护名称	整定方式
01	RLP1	差动速断	退出
02	RLP2	比率差动	退出
03	RLP3	三卷变	投入
04	RLP4	Y/Y/d11 方式	投入
05	RLP5	Y/Y/d1 方式	退出
06	RLP6	二卷变	退出
07	RLP7	Y/d11 方式	退出
08	RLP8	Y/d1 方式	退出
09	RLP9	二次谐波制动	投入
10	RLP10	CT 断线闭锁差动	退出
11	RLP11	CT 断线报警	退出
12	RLP12	主变重瓦斯	投入
13	RLP13	有载重瓦斯	投入
14	RLP14	主变轻瓦斯报警	投入
15	RLP15	有载轻瓦斯报警	投入
16	RLP16	压力释放报警	退出
17	RLP17	温度高报警	退出
18	RLP18	Y/△变换	投入
19~31		备用	
32	RLP32	录波	退出

表 4 - 3　变压器主保护：保护定值菜单

保护序号	代　号	定值名称	整定范围
00		保护定值套数	001
01	Kih2	高压侧二次额定电流	1. 21
02	Kim2	中压侧二次额定电流	2. 1
03	Kil2	低压侧二次额定电流	3. 64
04	Knh2	高压侧 CT 变比	1
05	Knm2	中压侧 CT 变比	1
06	Knl2	低压侧 CT 变比	1
07	Isdzd	差动电流速断定值（额定电流倍数）	3
08	Icdqd	差动电流启动定值	0. 6
09	kbl	比率差动制动系数	0. 5
11	kxb	二次谐波制动系数	0. 2
12	Isdtb	差流突变量启动值	0. 5
13	dxbj	CT 断线计算系数 1	0. 15
14	dxlset	CT 断线计算系数 2	0. 2
15	dxlset	CT 断线计算系数 3	1. 2
16	dxminset	CT 断线计算系数 4	0. 05
17	Idz	过负荷定值	1. 4
18	Tdz	过负荷延时	10S
19 ~ 32		备用	
33		PASSWORD1	
34		PASSWORD2	

　　注意：本实训装置采用的微机主保护装置的保护定值菜单中的第 7 项"差动电流速断定值"和第 8 项"差动电流启动定值"，是按照变压器高压侧额定电流的倍数来整定的。后面实验涉及微机主保

护装置的参数设置，不再作特别说明。

4.2.3.2　变压器在各种不同运行情况下电流的测量

按照图 4-4 接线，接线完成并确认无误后，将变压器负载选择开关置于正常侧、三相自耦调压器调到最小位置、打开直流电源开关、按下启动按钮、合上三卷变压器三侧断路器。调节三相自耦调压器，记录三卷变压器在不同输入电压下三侧线电压和线电流以及故障电流。填入表 4-4 中。

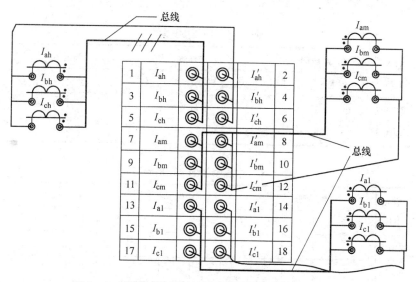

图 4-4　系统正常运行及故障电流的测量实验接线图

表 4-4　系统正常运行

输入电压	高压侧				中压侧				低压侧			
	U_{ab}	I_a	I_b	I_c	U_{ab}	I_a	I_b	I_c	U_{ab}	I_a	I_b	I_c
220V												
380V												

　　备注：变压器三侧三相线电压和线电流可以在面板安装的仪表直接读出，三相不平衡电流值可以在微机装置液晶显示屏幕中读出。

　　然后依照上一学习任务所述的故障设置方法，分别设置变压器中、低压侧过载、外部短路并投入运行，重复上述实验步骤（特别提醒：由于后备保护未投入运行，在过载和外部短路状态下进行测量时，输入电压不能过高，以免线路电流太大，缩短装置的使用寿命。中压侧电流不能超过 2.5A，低压侧电流不能超过 1.7A，高压侧不得超过 1.4A）。

　　将所测数据记录在表 4-5～表 4-8 中（电压单位：V，电流单位：A）。

表 4-5　中压侧过载

输入	高压侧				中压侧				低压侧			
电压	U_{ab}	I_a	I_b	I_c	U_{ab}	I_a	I_b	I_c	U_{ab}	I_a	I_b	I_c
220V												
380V												

表 4-6　中压侧外部 AB 相间短路

输入	高压侧				中压侧				低压侧			
电压	U_{ab}	I_a	I_b	I_c	U_{ab}	I_a	I_b	I_c	U_{ab}	I_a	I_b	I_c
220V												
380V												

表 4-7　低压侧过载

输入	高压侧				中压侧				低压侧			
电压	U_{ab}	I_a	I_b	I_c	U_{ab}	I_a	I_b	I_c	U_{ab}	I_a	I_b	I_c
220V												
380V												

表 4 - 8　低压侧外部 AB 相间短路

输入电压	高压侧				中压侧				低压侧			
	U_{ab}	I_a	I_b	I_c	U_{ab}	I_a	I_b	I_c	U_{ab}	I_a	I_b	I_c
220V												
380V												

4.2.3.3　不进行相位补偿的情况

将变压器主保护装置的"保护投退"菜单的 18 项的"Y/△变换"设为"退出"，使软件不进行相位补偿，观察并记录在表 4 - 9 中。

表 4 - 9　相位补偿"退出"

输入电压	高压侧				中压侧				低压侧			
	U_{ab}	I_a	I_b	I_c	U_{ab}	I_a	I_b	I_c	U_{ab}	I_a	I_b	I_c
220V												
380V												

4.2.4　注意事项

（1）电流互感器接线时，高中低压三侧严格按照接线图连接，不得错接。

（2）在进行参数设置时，请正确操作，不得损害操作面板。

（3）实训装置停送电时严格按照操作顺序进行，严禁带电接线或拆线。

（4）由于实验实训用的三绕组变压器的额定电压是 380V，故操作时应该确保调压器输出在 380V 以下，否则可能损坏实验装置。

（5）在进行故障设置时，一定要先解除上一故障才能进行下一故障的设置，严禁在实训装置上重复设置故障，以免损坏实训装置。

（6）拆线时，不可用力过猛，以免损害操作面板，导致接触不良或插接点损坏等现象。

任务4.3　电力变压器的瓦斯保护

【任务教学目标】

(1) 掌握瓦斯保护概念。

(2) 掌握瓦斯保护的工作原理。

瓦斯保护 (gas protection) 又称气体继电保护，是保护油浸式电力变压器内部故障的一种基本的相当灵敏的保护装置，按 GB 50062—1992 规定，800kV·A 及以上的油浸式变压器和 400kV·A 及以上的车间内油浸式变压器，均应装设瓦斯保护。

瓦斯保护的主要元件式瓦斯继电器 (又称气体继电器，文字符号 KG)，它装设在油浸式变压器的油箱与油枕之间的连通管中部，如图 4 - 5 所示。为了使油箱内产生的气体能够顺畅地通过瓦斯继电器排往油枕，变压器安装应取 1% ~ 1.5% 的倾斜度，而变压器在制造时，连通管对油箱顶盖也有 2% ~ 4% 的倾斜度。

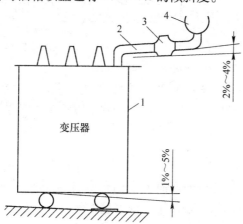

图 4 - 5　瓦斯继电器在油浸式变压器上的安装

1—变压器油箱；2—连通管；3—瓦斯继电器；4—油枕

4.3.1 瓦斯继电器的结构和工作原理

瓦斯继电器主要有浮筒式和开口杯式两种类型，现在广泛应用的开口杯式。FJ1-80型开口杯式瓦斯继电器的结构示意图如图4-6所示。开口杯式与浮筒式相比，其抗震性能较好，误动作的可能性大大减少，可靠性大大提高。

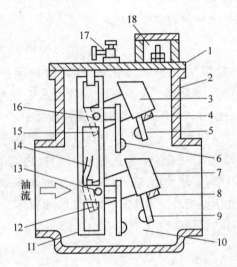

图4-6 FJ1-80型开口杯式瓦斯继电器的结构示意图

1—盖板；2—容器；3—上油杯；4，8—永久磁铁；5—上动触点；6—上静触点；

7—下油杯；9—下动触点；10—下静触点；11—支架；12—下油杯平衡锤；

13—下油杯转轴；14—挡板；15—上油杯平衡锤；16—上油杯转轴；

17—放气阀；18—接线盒

在变压器正常运行时，瓦斯继电器的容器内包括其中的上下开口油杯，都是充满油的；而上下油杯因各自平衡锤的作用而升起，如图4-7(a)所示。此时上下两对触电都是断开的。

当变压器油箱内部发生轻微故障时，有故障产生的少量气体慢慢升起，有瓦斯继电器的容器，并由上而下地排除其中的油，使油面下降，上油杯因其中盛油残余的油而使其力矩大于转轴的另一端平衡锤的力矩而降落，如图4-7(b) 所示。这时上触电接通信号回路，发出音响和灯光信号，这称之为"轻瓦斯动作"。

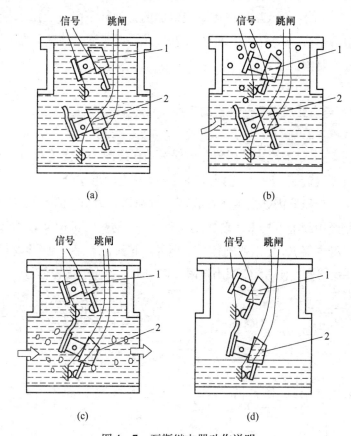

图4-7 瓦斯继电器动作说明

(a) 正常状态；(b) 轻瓦斯动作；(c) 重瓦斯动作；(d) 严重漏油时

1—上开口油杯；2—下开口油杯

当变压器油箱内部发生严重故障时，如相间段路、铁芯起火等，由故障产生的气体很多，带动油量迅猛的由变压器油箱通过联通管进入油枕。这大量的油气混合体在经过瓦斯继电器时，冲击挡板使下油杯下降，如图4-7(c) 所示。这时下触电接通跳闸回路（通过中间继电器），使断路器跳闸，同时发出音响和灯光信号（通过信号继电器），这称为"重瓦斯动作"。

如果变压器油箱漏油，使得瓦斯继电器容器内的油也慢慢流尽，如图4-7(d) 所示。先是瓦斯继电器的上油杯下降，上触点接通，发出报警信号；接着其下油杯下降，下触点接通，使断路器跳闸，同时发出跳闸信号。

4.3.2　电力变压器瓦斯保护的接线

图4-8是油浸式变压器瓦斯保护的接线图。当变压器内部发生轻微故障（轻瓦斯）时瓦斯继电器 KG 的上触点闭合，动作与报警信号。当变压器内部发生严重故障（重瓦斯）时 KG 的下触点闭合，通常是经中间继电器 KM 动作于断路器 QF 的跳闸机构 YR，同时通过信号继电器 KS 发出跳闸信号。但 KG 下触点闭合，也可以利用切换片 XB 切换，使 KS 线圈串接限流电阻 R，动作于报警信号。

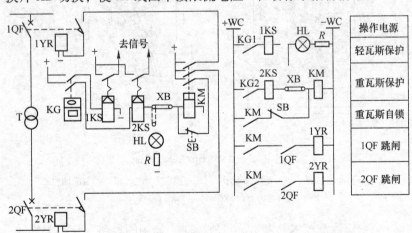

图4-8　油浸式电力变压器瓦斯保护的接线

T—电力变压器；KG—瓦斯继电器；KS—信号继电器；

KM—中间继电器；QF—断路器；YR—跳闸线圈；XB—切换片

由于瓦斯继电器 KG 下触点在重瓦斯故障是可能有"抖动"(基础不稳定)的情况,因此为了使跳闸回路稳定地接通,断路器足够可靠地跳闸,这里利用中间继电器 KM 的上触点作"自保持"触点。只要 KG 因重瓦斯动作一闭合,就使 KM 动作,并借其上触点的闭合而自保持动作状态,同时其下触点也闭合,使断路器 QF 跳闸后,其辅助触点 QF1 - 2 断开跳闸回路,以减轻中间继电器触点的工作,而其另一对辅助触点 QF3 - 4 则切断中间继电器 KM 的自保持回路,使中间继电器返回。

4.3.3　电力变压器瓦斯保护动作后的故障分析

变压器瓦斯保护动作后,可由蓄积于瓦斯继电器内的气体性质来分析和判断故障的原因及处理要求,见表 4 - 10。

表 4 - 10　瓦斯继电器动作后的气体分析和处理要求

气体性质	故障原因	处理要求
无色,无臭,不可燃	变压器内含有空气	允许继续运行
灰白色,有剧烈臭味,可燃	纸质绝缘烧毁	应立即停电检修
黄色,难燃	木质绝缘烧毁	应停电检修
深灰色或黑色,易燃	有内闪络,油质炭化	应分析油样,必要时停电检修

任务 4.4　模拟变压器的瓦斯保护

【任务教学目标】

(1) 会系统瓦斯保护操作。

(2) 掌握不同瓦斯类型的保护形势。

(3) 掌握微机差动保护装置中瓦斯保护的实现方法。

4.4.1　实训器材

THPWJB – 1 – 1 微机变压器保护实验装置、导线若干、万用表、电工工具一套。

4.4.2　实训原理

在变压器油箱内常见的故障有绕组匝间、层间绝缘破坏造成的短路，高压绕组对地（铁芯）绝缘破坏引起的单相接地短路。若上述故障短路匝数很少或经电弧电阻短路时，反应到变压器纵差保护或接地保护装置中的电流很小，因而保护可能不动作。但在变压器油箱内发生任何一种故障，包括轻微的匝间短路时，由于短路电流和短路点电弧的作用，将使变压器油及其他绝缘材料因受热而分解产生气体。因气体比较轻，它们就要从油箱流向油枕的上部，故障严重时，油会迅速膨胀并有大量气体产生。此时，会有剧烈的油流和气流冲向油枕的上部。利用油箱内部故障时的这一特点，可以实现的保护装置，称为瓦斯保护。

实验装置的微机变压器主保护装置具有瓦斯保护功能，在实际应用中，瓦斯保护的主要形式分为本体轻瓦斯、有载轻瓦斯、本体重瓦斯、有载重瓦斯。各自保护出口形式不同。在微机保护中，只需把各个瓦斯继电器的触点相对应接入微机保护的信号输入回路。如果保护动作，微机装置得到相应输入信号，经内部程序的处理后，输出与之相对应的保护动作形式。

实验装置采用两个自锁按钮来模拟瓦斯继电器的常开触点。在实验台的面板上，有红色的自锁按钮，根据接入微机装置的输入回路不同，一个为本体轻瓦斯，另一个为本体重瓦斯，按下按钮，模拟瓦斯继电器触点动作。

4.4.3　实训步骤

（1）将变压器调到最小位置，把高中低三侧的电流互感器二次侧短接（电流互感器的二次侧不允许开路）。然后依次启动电源和直流控制电源，合上高、中、低三侧断路器。注意负荷选择开关置正常侧。

（2）按照任务 4.2 的表 4 - 2 和表 4 - 3 设置微机主保护装置。

（3）按下轻瓦斯按钮，模拟瓦斯继电器轻瓦斯触点动作，观测保护动作情况。

（4）保护动作后，复位轻瓦斯按钮。

（5）按下重瓦斯按钮，模拟瓦斯继电器重瓦斯触点动作，观测保护动作情况。

（6）保护动作后，复位重瓦斯按钮。

（7）最后复位微机主保护装置。

4.4.4　注意事项

（1）电流互感器接线时，高中低压三侧严格按照接线图（图4 - 1）连接，不得错接。

（2）在进行参数设置时，请正确操作，不得损害操作面板。

（3）实训装置停送电时严格按照操作顺序进行，严禁带电接线或拆线。

（4）由于实验实训用的三绕组变压器的额定电压是380V，故操作时应该确保调压器输出在380V以下，否则可能损坏实验装置。

（4）在进行故障设置时，一定要先解除上一故障才能进行下一故障的设置，严禁在实训装置上重复设置故障，以免损坏实训装置。

（5）拆线时，不可用力过猛，以免损害操作面板，导致接触不良或插接点损坏等现象。

复习思考题

4-1 变压器纵联差动保护在接线上如何消除因变压器两侧电流相位不同而引起的不平衡电流？差动保护的动作电流整定应满足哪些条件？

4-2 油浸式变压器瓦斯保护规定在哪些情况下应予装设？

4-3 什么情况下"轻瓦斯"动作，什么情况下"重瓦斯"动作，各动作什么部位？

学习情境 5　微机线路继电保护及自动装置

【项目教学目标】

(1) 掌握正确使用实训装置的方法。

(2) 掌握积淀和保护的意义。

(3) 会微机继电保护操作。

(4) 掌握备用电源自动投入原理及实现方法。

任务 5.1　工厂高压线路的继电保护——带时限的过电流保护

【任务教学目标】

(1) 掌握工厂高压线路的继电保护方式。

(2) 掌握定时限过电流保护的工作原理。

(3) 掌握反时限过电流保护的工作原理。

《电力装置的继电保护和自动装置设计规范》（GB 50062—1992）规定：对 3～66kV 电力线路，应装设相间短路保护、单相接地保护和过负荷保护。

作为线路的相间短路保护，主要采用带时限的过电流保护和瞬时动作的电流速断保护。如果过电流保护动作时限不大于 0.5～0.7s

时，可不装设电流速断保护。相间短路保护应动作于断路器跳闸机构，使断路器跳闸，切除短路故障部分。

5.1.1　带时限的过电流保护

带时限的过电流保护，按其动作时限特性分，有定时限过电流保护和反时限过电流保护两种。定时限就是保护装置动作时限是按预先整定的动作时间固定不变的，与短路电流大小无关；而反时限就是保护装置的动作时原先是按 10 倍动作电流来整定的，而实际的动作时间则与短路电流呈反比关系变化，短路电流越大，动作时间越短。

5.1.2　定时限过电流保护装置的组成和原理

定时限过电流保护装置的原理电路图如图 5 - 1 所示。其中图 5 - 1(a) 为集中表示的原理电路图，通常称为接线图，这种图的所有点起的组成部件是各自归总在一起，因此过去也称为归总式电路图。图 5 - 1(b) 为分开表示的原理电路图，通常称为展开图，这种图的所有点起的组成部件所属回路来分开绘制。从原理分析的角度来说，展开图简明清晰，在二次回路（包括继电保护、自动装置、控制、测量回路）中应用最为普遍。

下面分析图 5 - 1 所示定时限过电流保护的工作原理。

当一次电路发生相间短路时，电流继电器 KA 瞬时动作，闭合器触点，时间继电器 KT 动作。KT 经过整定的时限后，其延时触点闭合，是串联的信号继电器（电流型）KS 和中间继电器 KM 动作。KS 动作后，其指示牌掉下，同时接通信号回路，给出灯光信号和音响信号。KM 动作后，接通跳闸线圈 YR 回路，断路器 QF 跳闸，切除短路故障。QF 跳闸后，其辅助触点 QF1 - 2 随之切断跳闸回路。在短路故障切除后，继电保护装置除 KS 外的恰所有继电器均自动返回起始状态，而 KS 可手动复位。

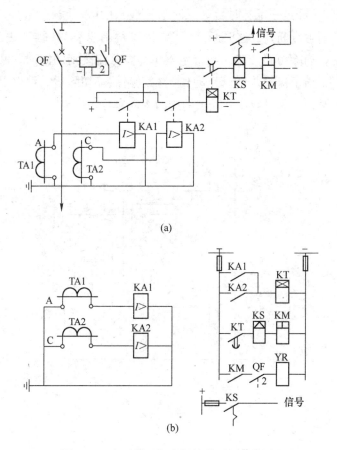

(a)

(b)

图 5-1 定时限过电流保护的原理电路图

（a）接线图（按集中表示法绘制）；（b）展开图（按分开表示法绘制）

QF—断路器；KA—电流继电器（DL 型）；KT—时间继电器（DS 型）；

KS—信号继电器（DX 型）；KM—中间继电器（DZ 型）；YR—跳闸线圈

5.1.3 反时限过电流保护装置的组成和原理

反时限过电流保护装置由 GL 型感应式电流继电器组成，其原理
电路图如图 5-2 所示。当一次电路发生就相间短路时，电流继电器

KA 动作，经过一定延时后（反时限特性），其常开触点闭合，紧接着其常闭触点断开，这时断路器 QF 因其跳闸线圈 YR 被"去分流"而跳闸，切除短路故障。在继电器 KA 去分流跳闸的同时，其信号牌掉下，指示保护装置已经动作。在短路故障切除后，继电器自动返回，其信号牌可利用外壳上的旋钮手动复位。

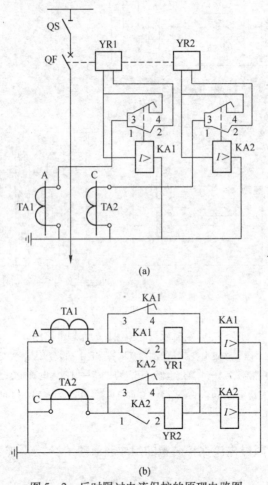

(a)

(b)

图 5 - 2　反时限过电流保护的原理电路图

（a）接线图（按集中表示法绘制）；（b）展开图（按分开表示法绘制）

QF—断路器；TA—电流互感器；KA—GL - 15、25 型；YR—跳闸线圈

图5-2中的电流继电器KA增加了一对常开触点与跳闸线圈YR串联，其目的是防止电流继电器的常闭触点在一次电路正常运行时由于外界振动的偶然因素使之断开，而导致断路器误跳闸的事故。增加一对常开触点后，即使常闭触点偶然断开，也不会造成断路器误跳闸。但是，继电器这两对触点的动作程序必须是常开触点先闭合，常闭触点后断开。否则，若常开触点先断开，将造成电流互感器二次侧带负荷开路，这是不允许的，同时将使继电器失电返回，不起保护作用。

5.1.4　定时限过电流保护与反时限过电流保护的比较

定时限过电流保护的优点是：动作时间比较精确，正定简便，且动作时间与短路电流大小无关，不会因短路电流小而使故障时间延长。但缺点是：所需继电器多，接线复杂，且需直流电源，投资较大。此外，越靠近电源处的保护装置，其动作时间越长，这是带时限过电流保护共有的一大缺点。

反时限过电流保护的优点是：继电器数量大为减少，而且可同时实现电流速断保护，加之可采用交流操作，因此相当简单经济，投资大大降低，故在中小工厂供电系统中得到广泛的应用。但缺点是：工作时限的整定比较麻烦，而且误差较大；当短路电流小时，其动作时间可能相当长，延长了故障持续时间；同样存在越靠近电源动作时间越长的缺点。

任务 5.2　微机定时限过电流保护实训

【任务教学目标】

（1）知道定时限保护的概念。

（2）熟悉过电流保护的特点。

5.2.1　实训器材

THSPGC－2 工厂供电技术实训装置、导线若干、万用表、电工工具一套。

5.2.2　实训原理

在图 5－3 所示的单侧电源辐射形电网中，当 K3 处发生短路时，电源送出短路电流至 d3 处。保护装置 1、2、3 中通过的电流都超过正常值，但是根据电网运行的要求，只希望装置 3 动作，使断路器 3QF 跳闸，切除故障线路为了达到这一要求，应该使保护装置 1、2、3 的动作时限 t_1、t_2、t_3 需满足以下条件，即 $t_1 > t_2 > t_3$。

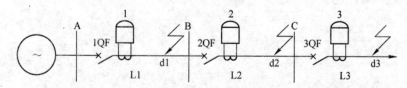

图 5－3　单侧电源辐射形电网中过电流保护装置的配置

为了保证保护的选择性，电网中各个定时限过电流保护装置必须具有适当的动作时限。离电源最远的元件的保护动作时限最小，以后的各个元件的保护动作时限逐级递增，相邻两个元件的保护动作时限相差一个时间阶段 Δt，这样选择动作时限的原则称为阶梯原则。Δt 的大小决定于断路器和保护装置的性能，一般 Δt 取 0.5s。

5.2.3 实训步骤

（1）按照正确顺序启动实训装置：依次合上实训控制柜上的"总电源"、"控制电源Ⅰ"和实训控制屏上的"控制电源Ⅱ"、"进线电源"开关。依次合上控制屏上的 QS111、QS113、QF11、QS116、QF14、QF15 给输电线路供电。

（2）设置微机保护装置：把"过电流定值"设为 0.5A，"过电流延时时间"设为 1s。投入"过电流"保护功能，其余功能都退出，保存设置。

（3）把系统运行方式设置为最小，打开控制柜上的电秒表电源开关，把"时间测量选择"拨至线路保护侧，工作方式采用"连续"方式，在 XL-1 段 d2 处进行三相短路，记录电流动作值及电秒表上数值于表 5-1 中。

（4）待短路故障按钮经延时跳起后，按下电秒表面板上"复位"按钮，清除电秒表数值，合上断路器 QF14，在 XL-2 段 d3 处进行三相短路，记录电流动作值及电秒表上数值于表 5-1 中。

表 5-1 实训数据表

故障位置	XL-1 线路 d2 处	XL-2 线路 d3 处
电流整定值/A		
时间整定值/s		
断路器能否动作		
电秒表数值/s		
电流动作值/A		

5.2.4　注意事项

（1）实训时，人体不可接触带电线路。

（2）实训装置停送电时严格按照操作顺序进行，严禁带电接线或拆线。

（3）严格按正确的操作给实训装置上电和断电。

（4）学生独立完成接线或改接线路后必须经指导老师检查和允许，并使组内其他同学引起注意后方可接通电源。实训中如发生事故，应立即切断电源，经查清问题和妥善处理故障后，才能继续进行实验。

（5）在保证电网三相电压正常情况下，将控制屏上的电源线插在实训控制柜上的专用插座上，把控制柜的电源线插在实验室中三相电的插座上，按照正确的操作给装置上电，观察 35kV 高压配电所主接线模拟图部分上方的两只电压表，使用凸轮开关观察三相电压是否平衡、不缺相，正常后方可继续进行下面的实训操作。

（6）在每次上电前要保证隔离开关处于分闸状态。

（7）拆线时，不可用力过猛，以免损害操作面板，导致接触不良或插接点损坏等现象。

（8）实验室总电源或实验台控制屏上的电源应由实验指导教师来控制，其他人员经指导教师允许后才能操作，不得自行合闸。

任务 5.3　备用电源自动投入装置

【任务教学目标】

（1）了解备用电源自动投入装置的意义。

（2）掌握备用电源自动投入的基本原理。

5.3.1　概述

在要求供电可靠性较高的工厂变配电所中，通常设有两路以上的电源进线。在车间变电所低压侧，一般也设有与相邻车间变电所相连的低压联络线。如果在作为备用电源的线路上装备用电源自动投入装置（简称 APD，汉语拼音缩写 BZT），则在工作电源线路的断路器则在 APD 作用下迅速合闸，备用电源投入运行，从而大大提高性能可靠性，保证对用户的不间断供电。

5.3.2　备用电源自动投入的基本原理

图 5-4 所示为备用电源自动投入基本原理的电气简图。假设电源进线 WL1 在工作，WL2 为备用，其断路器 QF2 断开，但其两侧隔离开关是闭合的（图上未绘隔离开关）。当工作电源 WL1 断电引起失压保护动作时 QF1 跳闸时，其常开触点 QF13-4 断开，使原来通电动作的时间继电器 KT 断电，但其延时断开触点尚未及断开，这时 QF1 的另一常闭触点 1-2 闭合，从而使合闸接触器 KO 通电动作，使断路器 QF2 的合闸线圈 YO 通电，使 QF2 合闸，投入备用电源 WL2，恢复对变配电所的供电，备用电源投入后，KT 的延时断开触

点断开，切除 KO 的回路，同时 QF2 的连锁触点 1 - 2 断开，防止 YO 长时间通电。由此可见，双电源进线又配以 APD 时，供电可靠性大大提高。但是当母线发生故障时，整个变配所仍要停电，因此对某些重要负荷，可由两段母线同时供电，如图 5 - 5 所示的 2 号车间变电所。

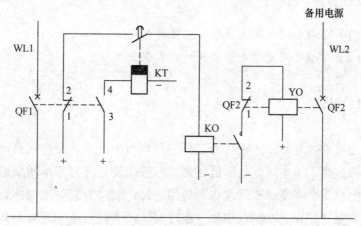

图 5 - 4　备用电源自动投入原理说明简图

QF1—工作电源进线 WL1 上的断路器；QF2—备用电源进线 WL2 上的断路器；

KT—时间继电器；KO—合闸接触器；YO—QF2 的合闸线圈

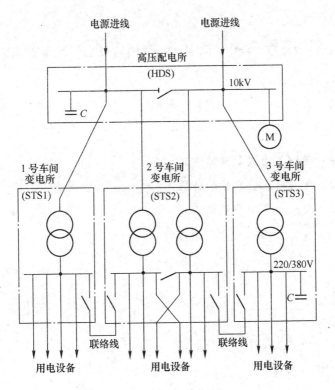

图 5-5　中型工厂供电系统简图

任务 5.4　备用电源自动投入实训

【任务教学目标】

（1）了解备自投装置的意义。

（2）掌握微机备自投的作用。

（3）会微机备自投的操作。

5.4.1　实训器材

THSPGC－2 工厂供电技术实训装置、导线若干、万用表、电工工具一套。

5.4.2　实训原理

5.4.2.1　无压整定值遵循的原则

本装置的无压整定值遵循两条原则：

（1）躲开工作母线上的电抗器或变压器后发生的短路故障，低压继电器不应动作。

（2）躲过线路故障切除后电动机自启动时的最低电压。

5.4.2.2　有压整定值遵循的原则

本装置的有压整定值遵循：备用母线在最低运行电压时，备投

应能可靠动作。故

$$V_{OL} = U_{g2x}/(n_{TV} \cdot K_{rel} \cdot K_{re})$$

式中，V_{OL} 为继电器的动作电压；U_{g2x} 为备用母线最低运行电压；n_{TV} 为电压互感器变比；K_{rel} 为可靠系数，一般取 1.1 ~ 1.2；K_{re} 为返回系数，一般取 0.85 ~ 0.9。

5.4.2.3　备投动作延时时间 T_{lag}

该时间应与线路过电流保护时间相配合。当线路发生故障时，母线残压降低到备自投装置启动的动作值，此时应由线路保护切除故障，而不应使备自投动作。即：

$$T_{lag} = T_{max} + \Delta t$$

式中，T_{lag} 为备投动作延时时间；T_{max} 为母线电压降低到备投启动的动作值时，线路保护切除故障的最大动作时间；Δt 为时间裕度，取 0.5s。

5.4.3　实训步骤

在实训控制屏右侧的备投装置部分线路还没有连好，开始本次实训前请对照图 5 - 6 及接线对照表（表 5 - 2）完成备投装置的接线。保证接线完成且无误后再开始下面的实训操作。

表 5 - 2　备自投装置交流采样信号接线对照表

互感器接线端子		备投装置采样信号	互感器接线端子		备投装置采样信号
	a	10UL11		a	10UL21
TV5	b	10UL12	TV6	b	10UL22
	c	10UL13		c	10UL23

互感器接线端子	备投装置采样信号	互感器接线端子	备投装置采样信号
TA21		TA22	
I_{am} *	10IL11 *		I_{am} *	10IL21 *
I_{am}	10IL11		I_{am}	10IL21
I_{cm} *	10IL12 *		I_{cm} *	10IL22 *
I_{cm}	10IL12		I_{cm}	10IL22

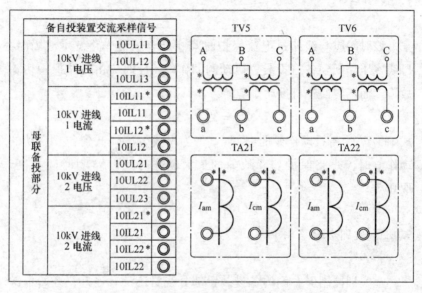

图 5 - 6 微机备自投装置接线图及对照表

备自投装置控制回路部分：只需将相应的信号引入到控制回路中即可（黑色接线柱上不用引线）。备自投装置控制回路对应接线如图 5 - 7 所示。

5.4.3.1 运行情况：运行线路失电，备用电源有电

（1）依次合上实训控制柜上的"总电源"、"控制电源 I"和实训控制屏上的"控制电源 II"、"进线电源"开关。

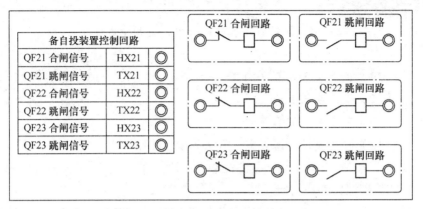

图 5-7　备自投装置控制回路对应接线图

（2）检查实训控制屏面板上的隔离开关 QS111、QS112、QS113、QS114、QS115、QS213、QS215、QS217 是否处于合闸状态，未处于合闸状态的，手动使其处于合闸状态；手动使实训台上的断路器 QF11、QF13、QF21、QF23 处于"合闸"状态，使其他断路器均处于"分闸"状态；手动投入负荷"Ⅰ号车间"和"Ⅲ号车间"，方法为手动合上断路器 QF24 和 QF26。

（3）对实训控制柜上的 THLBT-1 微机备投装置做如下设置：

　　　　"备投方式"　　　　设置为　　　"进线"

　　　　"无压整定"　　　　设置为　　　"20V"

　　　　"有压整定"　　　　设置为　　　"70V"

　　　　"投入延时"　　　　设置为　　　"1S"

　　　　"自适应方式"　　　设置为　　　"退出"

（4）模拟运行线路失电，方法为手动按下控制屏上方的"WL1 模拟失电"按钮。

（5）1s 后，观察控制屏上断路器 QF11 和 QF12 的状态，将结果记录入表 5-3。

注意：装置本身固有采集延时 t 大约在 2.5～3s，所以实际投入延时 $T=$ "投入延时" $+t$。

5.4.3.2　运行情况：运行线路失电，备用电源无电

（1）同 5.4.3.1 节（1）。

（2）同 5.4.3.1 节（2）。

（3）同 5.4.3.1 节（3）。

（4）模拟备用电源无电，方法为按下控制屏上方的"WL2 模拟失电"按钮；模拟运行线路失电，方法为手动按下控制屏上方的"WL1 模拟失电"按钮。

（5）1s 后，观察控制屏上断路器 QF11 和 QF12 动作过程，将结果记录填入表 5－3。

表 5－3　实训数据表

序号	运行条件	断路器（QF11，QF12）状态	备投是否投入
1	运行线路失电，备用电源有电		
2	运行线路失电，备用电源无电		

5.4.4　注意事项

（1）实训时，人体不可接触带电线路。

（2）实训装置停送电时严格按照操作顺序进行，严禁带电接线或拆线。

（3）严格按正确的操作给实训装置上电和断电。

（4）学生独立完成接线或改接线路后必须经指导老师检查和允许，并使组内其他同学引起注意后方可接通电源。实训中如发生事故，应立即切断电源，经查清问题和妥善处理故障后，才能继续进行实验。

（5）在保证电网三相电压正常情况下，将控制屏上的电源线插

在实训控制柜上的专用插座上，把控制柜的电源线插在实验室中三相电的插座上，按照正确的操作给装置上电，观察 35kV 高压配电所主接线模拟图部分上方的两只电压表，使用凸轮开关观察三相电压是否平衡、不缺相，正常后方可继续进行下面的实训操作。

（6）在每次上电前要保证隔离开关处于分闸状态。

（7）拆线时，不可用力过猛，以免损害操作面板，导致接触不良或插接点损坏等现象。

（8）实验室总电源或实验台控制屏上的电源应由实验指导教师来控制，其他人员经指导教师允许后才能操作，不得自行合闸。

复习思考题

5 - 1　什么是定时限过电流保护？

5 - 2　什么是反时限过电流保护？

5 - 3　定时限过电流保护中，如何整定和调节其动作电流和动作时限？

5 - 4　什么是"备用电源自动投入（APD）"？

参 考 文 献

[1] 刘介才．工厂供电［M］．5 版．北京：机械工业出版社，2010.

[2] 刘介才．工厂供电［M］．2 版．北京：机械工业出版社，2009.

[3] 刘介才．供配电技术［M］．5 版．北京：机械工业出版社，2005.

[4] 浙江天煌教仪．工厂供电设备指导资料，2008.

[5] 国家安全生产监督管理总局职业安全技术培训中心．电工作业［M］．北京：中国三峡出版社，2009.

[6] 仇超．电工实训［M］．北京：北京理工大学出版社，2009.

冶金工业出版社部分图书推荐

书 名	作 者	定价（元）
现代企业管理（第2版）（高职高专教材）	李 鹰	42.00
应用心理学基础（高职高专教材）	许丽遐	40.00
建筑力学（高职高专教材）	王 铁	38.00
建筑CAD（高职高专教材）	田春德	28.00
冶金生产计算机控制（高职高专教材）	郭爱民	30.00
冶金过程检测与控制（第3版）（高职高专教材）	郭爱民	48.00
天车工培训教程（高职高专教材）	时彦林	33.00
冶金通用机械与冶炼设备（第2版）（高职高专教材）	王庆春	56.00
矿山提升与运输（第2版）（高职高专教材）	陈国山	39.00
高职院校学生职业安全教育（高职高专教材）	邹红艳	22.00
煤矿安全监测监控技术实训指导（高职高专教材）	姚向荣	22.00
冶金企业安全生产与环境保护（高职高专教材）	贾继华	29.00
液压气动技术与实践（高职高专教材）	胡运林	39.00
数控技术与应用（高职高专教材）	胡运林	32.00
洁净煤技术（高职高专教材）	李桂芬	30.00
单片机及其控制技术（高职高专教材）	吴 南	35.00
焊接技能实训（高职高专教材）	任晓光	39.00
心理健康教育（中职教材）	郭兴民	22.00
机械优化设计方法（第4版）	陈立周	42.00
自动检测和过程控制（第4版）（本科国规教材）	刘玉长	50.00
电工与电子技术（第2版）（本科教材）	荣西林	49.00
FORGE塑性成型有限元模拟教程（本科教材）	黄东男	32.00